技工院校"十四五"规划计算机广告制作专业系列教材
中等职业技术学校"十四五"规划艺术设计专业系列教材

Adobe XD 软件应用

朱江 罗嘉劲 马殷睿 赖柳燕 主编
熊浩 副主编

华中科技大学出版社
http://www.hustp.com
中国·武汉

内容提要

本书共分为 6 个项目，从 Adobe XD 基础知识开始逐步深入讲解知识点。同时，按照"认识—了解—掌握—实战"的过程，让读者从入门到精通，全面掌握 Adobe XD 的操作方法。项目一让读者能宏观地了解 Adobe XD 在 UI 设计中的重要性，以及 UI 设计流程。项目二系统地介绍 Adobe XD 的基本操作，帮助读者快速掌握 Adobe XD 的基本使用方法。项目三重点介绍 Adobe XD 的特色功能，帮助读者了解 Adobe XD 的强大功能。项目四与项目五详细演示电脑端网页设计与 app 界面设计步骤，同时让读者了解并掌握一些必要的设计规范，为实际的设计工作打下扎实的基础。项目六通过欣赏优秀作品提高读者设计鉴赏能力。

图书在版编目（CIP）数据

Adobe XD 软件应用 / 朱江等主编 . —武汉：华中科技大学出版社，2022.7
ISBN 978-7-5680-8528-1

Ⅰ . ① A… Ⅱ . ①朱… Ⅲ . ①网页制作工具 Ⅳ . ① TP393.092.2

中国版本图书馆 CIP 数据核字 (2022) 第 121318 号

Adobe XD 软件应用
Adobe XD Ruanjian Yingyong

朱江 罗嘉劲 马殷睿 赖柳燕 主编

策划编辑：金　紫
责任编辑：卢　苇
装帧设计：金　金
责任监印：朱　玢

出版发行：华中科技大学出版社（中国 • 武汉）　　　　电　　话：（027）81321913
　　　　　武汉市东湖新技术开发区华工科技园　　　　　邮　　编：430223

录　　排：天津清格印象文化传播有限公司
印　　刷：湖北新华印务有限公司
开　　本：889mm×1194mm　1/16
印　　张：9.5
字　　数：328 千字
版　　次：2022 年 7 月第 1 版第 1 次印刷
定　　价：59.80 元

技工院校"十四五"规划计算机广告制作专业系列教材
中等职业技术学校"十四五"规划艺术设计专业系列教材
编写委员会名单

● 编写委员会主任委员

文健（广州城建职业学院科研副院长）

叶晓燕（广东省城市技师学院环境设计学院院长）

周红霞（广州市工贸技师学院文化创意产业系主任）

黄计惠（广东省轻工业技师学院工业设计系教学科长）

罗菊平（佛山市技师学院艺术与设计学院副院长）

吴建敏（东莞市技师学院商贸管理学院服装设计系主任）

赵奕民（阳江市第一职业技术学校教务处主任）

宋雄（广州市工贸技师学院文化创意产业系副主任）

张倩梅（广东省城市技师学院文化艺术学院院长）

吴锐（广州市工贸技师学院文化创意产业系广告设计教研组组长）

汪志科（佛山市拓维室内设计有限公司总经理）

林姿含（广东省服装设计师协会副会长）

蔡建华（山东技师学院环境艺术设计专业部专职教师）

石秀萍（广东省粤东技师学院工业设计系副主任）

● 编委会委员

陈杰明、梁艳丹、苏惠慈、单芷颖、曾铮、陈志敏、吴晓鸿、吴佳鸿、吴锐、尹志芳、陈思彤、曾洁、刘毅艳、杨力、曹雪、高月斌、陈矗、高飞、苏俊毅、何淦、欧阳敏琪、张琮、冯玉梅、黄燕瑜、范婕、杜聪聪、刘新文、陈斯梅、邓卉、卢绍魁、吴婧琳、钟锡玲、许丽娜、黄华兰、刘筠烨、李志英、许小欣、吴念姿、陈杨、曾琦、陈珊、陈燕燕、陈媛、杜振嘉、梁露茜、何莲娣、李谋超、刘国孟、刘芊宇、罗泽波、苏捷、谭桑、徐红英、阳彤、杨殿、余晓敏、刁楚舒、鲁敬平、汤虹蓉、杨嘉慧、李鹏飞、邱悦、冀俊杰、苏学涛、陈志宏、杜丽娟、阳丽艳、黄家岭、冯志瑜、丛章永、张婷、劳小芙、邓梓艺、龚芷玥、林国慧、潘启丽、李丽雯、赵奕民、吴勇、刘洁、陈玥冰、赖正媛、王鸿书、朱妮迈、谢奇肯、杨晓玲、吴滨、胡文凯、刘灵波、廖莉雅、李佑广、曹青华、陈翠筠、陈细佳、代蕙宁、古燕苹、胡年金、荆杰、李津真、梁泉、吴建敏、徐芳、张秀婷、周琼玉、张晶晶、李春梅、高慧兰、陈婕、蔡文静、付盼盼、谭珈奇、熊洁、陈思敏、陈翠锦、李桂芳、石秀萍、周敏慧、邓兴兴、王云、彭伟柱、马殷睿、汪恭海、李竞昌、罗嘉劲、姚峰、余燕妮、何蔚琪、郭咏、马晓辉、关仕杰、杜清华、祁飞鹤、赵健、潘泳贤、林卓妍、李玲、赖柳燕、杨俊龙、朱江、刘珊、吕春兰、张焱、甘明坤、简为轩、陈智盖、陈佳宜、陈义春、孔百花、何旭、刘智志、孙广平、王婧、姚歆明、沈丽莉、施晓凤、王欣苗、陈洁冬、黄爱莲、郑雁、罗丽芬、孙铁汉、郭鑫、钟春琛、周雅靓、谢元芝、羊晓慧、邓雅升、阮燕妹、皮添翼、麦健民、姜兵、童莹、黄汝杰、薛晓旭、陈聪、邝耀明

● 总主编

文健，教授，高级工艺美术师，国家一级建筑装饰设计师。全国优秀教师，2008 年、2009 年和 2010 年连续三年获评广东省技术能手。2015 年被广东省人力资源和社会保障厅认定为首批广东省室内设计技能大师，2019 年被广东省教育厅认定为建筑装饰设计技能大师。中山大学客座教授，华南理工大学客座教授，广州大学建筑设计研究院室内设计研究中心客座教授。出版艺术设计类专业教材 120 种，拥有具有自主知识产权的专利技术 130 项。主持省级品牌专业建设、省级实训基地建设、省级教学团队建设 3 项。主持 100 余项室内设计项目的设计、预算和施工，项目涉及高端住宅空间、办公空间、餐饮空间、酒店、娱乐会所、教育培训机构等，获得国家级和省级室内设计一等奖 5 项。

● 合作编写单位

（1）合作编写院校

广州市工贸技师学院	广州市蓝天高级技工学校
佛山市技师学院	茂名市交通高级技工学校
广东省城市技师学院	广州城建技工学校
广东省轻工业技师学院	清远市技师学院
广州市轻工技师学院	梅州市技师学院
广州白云工商技师学院	茂名市高级技工学校
广州市公用事业技师学院	汕头技师学院
山东技师学院	广东省电子信息高级技工学校
江苏省常州技师学院	东莞实验技工学校
广东省技师学院	珠海市技师学院
台山敬修职业技术学校	广东省机械技师学院
广东省国防科技技师学院	广东省工商高级技工学校
广州华立学院	深圳市携创高级技工学校
广东省华立技师学院	广东江南理工高级技工学校
广东花城工商高级技工学校	广东羊城技工学校
广东岭南现代技师学院	广州市从化区高级技工学校
广东省岭南工商第一技师学院	肇庆市商业技工学校
阳江市第一职业技术学校	广州造船厂技工学校
阳江技师学院	海南省技师学院
广东省粤东技师学院	贵州省电子信息技师学院
惠州市技师学院	广东省民政职业技术学校
中山市技师学院	广州市交通技师学院
东莞市技师学院	广东机电职业技术学院
江门市新会技师学院	中山市工贸技工学校
台山市技工学校	河源职业技术学院
肇庆市技师学院	山东工业技师学院
河源技师学院	深圳市龙岗第二职业技术学校

（2）合作编写组织

广州市赢彩彩印有限公司
广州市壹管念广告有限公司
广州市璐鸣展览策划有限责任公司
广州波镨展览设计有限公司
广州市风雅颂广告有限公司
广州质本建筑工程有限公司
广东艺博教育现代化研究院
广州正雅装饰设计有限公司
广州唐寅装饰设计工程有限公司
广东建安居集团有限公司
广东岸芷汀兰装饰工程有限公司
广州市金洋广告有限公司
深圳市千千广告有限公司
广东飞墨文化传播有限公司
北京迪生数字娱乐科技股份有限公司
广州易动文化传播有限公司
广州市云图动漫设计有限公司
广东原创动力文化传播有限公司
菲逊服装技术研究院
广州珈钰服装设计有限公司
佛山市印艺广告有限公司
广州道恩广告摄影有限公司
佛山市正和凯歌品牌设计有限公司
广州泽西摄影有限公司
Master 广州市熳大师艺术摄影有限公司

序 言

　　技工教育和中职中专教育是中国职业技术教育的重要组成部分，主要承担培养高技能产业工人和技术工人的任务。随着"中国制造2025"战略的逐步实施，建设一支高素质的技能人才队伍是实现规划目标的必备条件。如今，国家对职业教育越来越重视，技工和中职中专院校的办学水平已经得到很大的提高，进一步提高技工和中职中专院校的教育、教学和实训水平，提升学生的职业技能，弘扬和培育工匠精神，已成为技工院校和中职中专院校的共同目标。而高水平专业教材建设无疑是技工院校和中职中专院校教育特色发展的重要抓手。

　　本套规划教材以国家职业标准为依据，以综合职业能力培养为目标，以典型工作任务为载体，以学生为中心，根据典型工作任务和工作过程设计教学项目和学习任务。同时，按照工作过程和学生自主学习的要求进行内容设计，实现理论教学与实践教学合一、能力培养与工作岗位对接合一、实习实训与顶岗工作合一。

　　本套规划教材的特色在于，在编写体例上与技工院校倡导的"教学设计项目化、任务化，课程设计教、学、做一体化，工作任务典型化，知识和技能要求具体化"紧密结合，体现任务引领实践的课程设计思想，以典型工作任务和职业活动为主线设计教材结构，以职业能力培养为核心，将理论教学与技能操作相融合作为课程设计的抓手。本套规划教材在理论讲解环节做到简洁实用、深入浅出；在实践操作训练环节体现以学生为主体的特点，创设工作情境，强化教学互动，让实训的方式、方法和步骤清晰，可操作性强，并能激发学生的学习兴趣，促进学生主动学习。

　　本套规划教材由全国50余所技工院校和中职中专院校广告设计专业共60余名一线骨干教师与20余家广告设计公司一线广告设计师联合编写。校企双方的编写团队紧密合作，取长补短，建言献策，让本套规划教材更加贴近专业岗位的技能需求，也让本套规划教材的质量得到了充分的保证。衷心希望本套规划教材能够为我国职业教育的改革与发展贡献力量。

技工院校"十四五"规划计算机广告制作专业系列教材
中等职业技术学校"十四五"规划艺术设计专业系列教材

总主编

教授 / 高级技师　**文健**

2021 年 5 月

前 言

    Adobe XD 是 Adobe 系统公司专为 UI 设计打造的矢量设计软件。Adobe XD 同时支持 Windows 和 macOS 操作系统，使用户能够在同一个软件里完成设计和交互，拥有简洁、轻盈、高效的特点，现已成为众多 UI 设计师常用的软件之一。

    本书在编写体例上与技工院校倡导的"教学设计项目化、任务化，课程设计教实一体化，工作任务典型化，知识和技能要求具体化"紧密结合。体现任务引领实践的课程设计思想，以典型工作任务和职业活动为主线设计教材结构，同时以职业能力培养为核心，将理论教学与技能操作融合为课程设计的抓手。在理论讲解环节做到简洁实用、深入浅出；在实践操作训练环节以学生为主体，创设工作情境，强化教学互动，让实训的方式、方法和步骤清晰，可操作性强，并能激发学生的学习兴趣，促进学生主动学习。

    本书概念准确、语言朴实、通俗易懂、深入浅出，既有基本理论的讲解与阐述，又有实践操作训练。实践案例模拟实际工作项目，力求实用有效。本书可以作为技工院校、中职中专院校艺术设计专业基础教材，也可以作为业余爱好者的自学辅导用书。

    本书中项目一与项目六由惠州市技师学院朱江、熊浩、赖柳燕老师与广东省轻工业技师学院马殷睿、罗嘉劲老师联合编写，项目二由广东省轻工业技师学院马殷睿老师编写，项目三由广东省轻工业技师学院罗嘉劲老师编写，项目四由惠州市技师学院熊浩、赖柳燕老师联合编写，项目五由惠州市技师学院朱江老师编写，在此表示衷心的感谢。由于编者的学术水平有限，本书可能存在一些不足之处，敬请读者批评指正。

朱 江

2022 年 4 月

课时安排（建议课时 124）

项目	课程内容		课时	
项目一 Adobe XD 入门	学习任务一	Adobe XD 的基础知识	4	14
	学习任务二	Adobe XD 与同类软件的区别	4	
	学习任务三	UI 设计流程	6	
项目二 Adobe XD 的 基本操作	学习任务一	Adobe XD 的安装	4	24
	学习任务二	新建文件与画板	4	
	学习任务三	绘制图形、导入与打开文件	4	
	学习任务四	添加图像和文本	4	
	学习任务五	对齐工具与布尔运算工具	4	
	学习任务六	桌面预览和共享	4	
项目三 Adobe XD 的 特色功能	学习任务一	重复网格	4	16
	学习任务二	响应式调整大小	4	
	学习任务三	资源库	4	
	学习任务四	常用插件	4	
项目四 使用 Adobe XD 完 成电脑端网页设计与 制作实训	学习任务一	电脑端网页低保真原型设计与制作实训	6	26
	学习任务二	电脑端网页按钮设计与制作实训	6	
	学习任务三	电脑端网页高保真原型设计与制作实训	8	
	学习任务四	电脑端网页原型展示样机制作实训	6	
项目五 使用 Adobe XD 完 成交互原型设计与制 作实训	学习任务一	李宁商城 app 高保真原型设计实训	6	38
	学习任务二	李宁商城 app 欢迎页交互原型设计与制作实训	6	
	学习任务三	李宁商城 app 主页交互原型设计与制作实训	6	
	学习任务四	李宁商城 app 详情页交互原型设计与制作实训	6	
	学习任务五	李宁商城 app 购物车页与结算页交互原型 设计与制作实训	6	
	学习任务六	李宁商城 app 交互原型展示样机制作实训	8	
项目六	使用 Adobe XD 完成的优秀 UI 设计作品欣赏		6	6

目　录

项目 **一** Adobe XD 入门

学习任务一　Adobe XD 的基础知识 002
学习任务二　Adobe XD 与同类软件的区别 009
学习任务三　UI 设计流程 012

项目 **二** Adobe XD 的基本操作

学习任务一　Adobe XD 的安装 018
学习任务二　新建文件与画板 021
学习任务三　绘制图形、导入与打开文件 026
学习任务四　添加图像和文本 031
学习任务五　对齐工具与布尔运算工具 035
学习任务六　桌面预览和共享 038

项目 **三** Adobe XD 的特色功能

学习任务一　重复网格 042
学习任务二　响应式调整大小 047
学习任务三　资源库 051
学习任务四　常用插件 059

项目 **四** 使用 Adobe XD 完成电脑端网页设计与制作实训

学习任务一　电脑端网页低保真原型设计与制作实训 066
学习任务二　电脑端网页按钮设计与制作实训 070
学习任务三　电脑端网页高保真原型设计与制作实训 077
学习任务四　电脑端网页原型展示样机制作实训 087

项目 **五** 使用 Adobe XD 完成交互原型设计与制作实训

学习任务一　李宁商城 app 高保真原型设计实训 094
学习任务二　李宁商城 app 欢迎页交互原型设计与制作实训 097
学习任务三　李宁商城 app 主页交互原型设计与制作实训 104
学习任务四　李宁商城 app 详情页交互原型设计与制作实训 111
学习任务五　李宁商城 app 购物车页与结算页交互原型
　　　　　　设计与制作实训 116
学习任务六　李宁商城 app 交互原型展示样机制作实训 123

项目 **六** 使用 Adobe XD 完成的优秀 UI 设计作品欣赏

使用 Adobe XD 完成的优秀 UI 设计作品欣赏 130

参考文献 144

项目一
Adobe XD 入门

学习任务一　Adobe XD 的基础知识
学习任务二　Adobe XD 与同类软件的区别
学习任务三　UI 设计流程

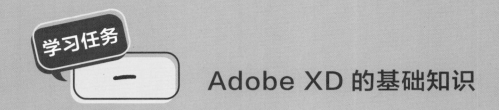

学习任务 一 Adobe XD 的基础知识

教学目标

（1）专业能力：了解 Adobe XD 的基本信息及用途等知识。

（2）社会能力：具备软件安装能力，养成细致、认真、严谨的软件操作习惯，锻炼学习能力。

（3）方法能力：多看课件、多看视频，认真倾听、多做笔记；多问多思勤动手；课堂上主动承担小组活动任务，相互帮助；课后在专业技能方面主动实践。

学习目标

（1）知识目标：了解 Adobe XD 的基础知识。

（2）技能目标：能根据需求进行 Adobe XD 的安装与应用。

（3）素质目标：培养善于记录、总结及运用网络资源，自主学习等良好的学习习惯；严谨、细致的学习态度；发现问题、解决问题的能力。

教学建议

1. 教师活动

讲解 Adobe XD 的基础知识，指导学生安装 Adobe XD。

2. 学生活动

认真聆听教师讲解 Adobe XD 的基础知识，了解该软件的主要功能，在教师的指导下进行安装 Adobe XD 实训。

一、学习问题导入

各位同学，大家好！如果我们未来的职业定位是 UI 设计方向，那我们是不是只要学会了 PS 和 AI 就可以了呢？我们看看 BOSS 直聘、智联招聘里的 UI 设计岗位需求，如图 1-1 所示。很容易发现，只会 PS 和 AI 是不够的。

小程序和 app 的开发，除了设计界面外，还要设计各个界面中的交互效果，而 PS 和 AI 中没有制作交互效果的功能。因此，UI 设计师要学习更多的软件，如 Sketch、Figma、墨刀等。

但上述这些软件，不是难以安装，就是操作不便、效率不高，或是全英文界面，让新手无从下手。Adobe 公司适时推出了 Adobe XD，其在 macOS 和 Windows 系统中都能使用，而且 Adobe XD 本身有许多高效的原型设计功能，加上其背后有强大的"Adobe 全家桶"的支持，因此 Adobe XD 有非常强的优势。

常用 UI 设计软件如图 1-2 所示。

二、学习任务讲解

1. Adobe XD 简介

Adobe XD 全称为 Adobe Experience Design，是 Adobe 公司专门为 UI 与 UX 设计师推出的一站式设计软件。这款软件非常轻盈，操作便捷，其功能随着频繁推出的新版本而不断改进。Adobe XD 图标如图 1-3 所示。

用户可以使用这款软件进行移动端应用和网页的设计与原型制作。它是目前唯一一款结合设计与建立原型功能，并同时具有工业级性能的跨平台设计软件。设计师使用 Adobe XD 可以更高效、准确地完成静态编辑或者框架图到交互原型的转变。Adobe XD 非常适合进行网页设计、app 设计等，如图 1-4 所示。

2. Adobe XD 的安装方法

目前 Adobe XD 通常通过 Adobe Creative Cloud 安装，官方没有提供独立的安装包，网上有第三方的独立安装包可供下载，但考虑到电脑安全问题不建议使用。推荐同学们通过 Adobe Creative Cloud 安装该软件，

图 1-1　UI 设计岗位需求

图 1-2　常用 UI 设计软件

图 1-3　Adobe XD 图标

图 1-4　通过 Adobe XD 进行网页设计

因为不仅安装速度快，而且升级时系统会自动把旧版本里的插件、首选项设置迁移到新版本，如图 1-5 所示。

另外，Adobe XD 新旧版本可以同时存在，只要在 Adobe Creative Cloud 里设置不删除旧版本即可。

图 1-5　通过 Adobe Creative Cloud 将 Adobe XD 更新到最新版本

3. Adobe XD 的主要功能

（1）设计与原型制作。

用户可以使用 Adobe XD 制作框架图，创建保真度可高可低的视觉设计，定义画板之间的导航和转换流程，预览原型并导出资源供制作使用，如图 1-6 所示。

（2）定义现代化工作流程。

Adobe XD 可以定义重复元素、遮盖图像、管理色彩、风格与符号，以及规范图层等，如图 1-7 所示。

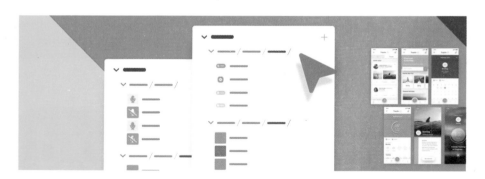

图 1-6　设计与原型制作

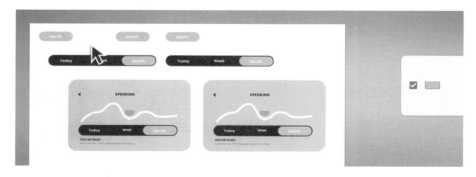

图 1-7　定义现代化工作流程

（3）导入外部软件。

　　用户可以导入笔画和图像效果，快速地将 PS 和 AI 制作的文件导入 Adobe XD，如图 1-8 所示。此外，在导入 Sketch 文件时对其多次转化的保真度也有所提升。

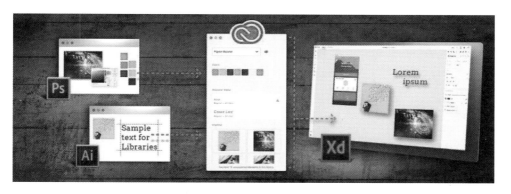

图 1-8　导入外部文件

（4）卓越的性能。

　　Adobe XD 的两大特性就是速度性与稳定性，可瞬间启动以及光速缩放和平移，并且在 Windows 和 macOS 系统中都具有稳定性，如图 1-9 所示。

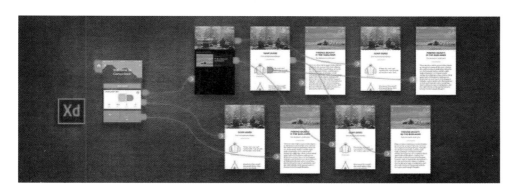

图 1-9　卓越的性能

（5）跨平台预览原型。

　　用户可以在 macOS 或 Windows 系统中进行设计，并在浏览器中预览原型，如图 1-10 所示。

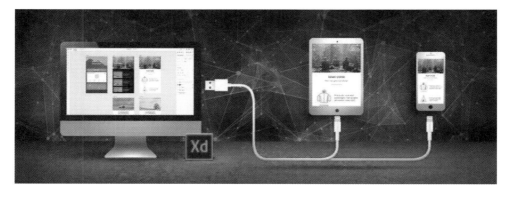

图 1-10　跨平台预览原型

4. Adobe XD 界面

（1）主屏幕。

Adobe XD 的入口面板很简约，一目了然，称为"主屏幕"。在主屏幕中可快速访问"学习"选项卡、个人云文档、与用户共享的云文档和已删除的云文档，并可管理链接、画板预设和最近打开的文件，如图 1-11 所示。

Adobe XD 的主屏幕各选项功能见表 1-1。

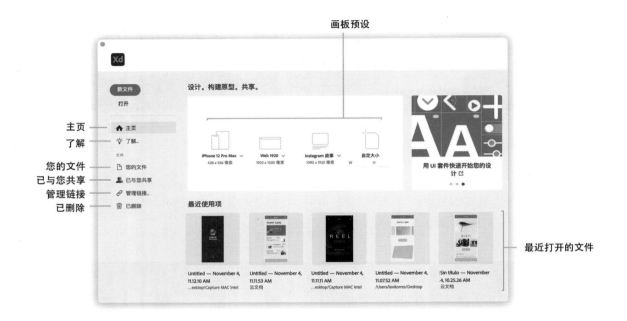

图 1-11　主屏幕

表 1-1　主屏幕各选项功能

选项	功能
了解	访问所有与 Adobe XD 中的功能、工具和工作流程相关的教程
您的文件	查看用户在 Adobe XD 中保存的云文档的列表。用户可将个人的云文档放入文件夹
已与您共享	查看由不同利益相关者共享以供审阅的云文档的列表（此功能在国内暂时无法使用）
管理链接	跳转至特定页面，用户可从该页面"文件"菜单的"云文档"中查看和访问云文档。可在网格或列表视图中查看文档，按名称或修改日期将文档排序（此功能在国内暂时无法使用）
已删除	查找已删除的云文档的列表，可选择还原或永久删除这些文档
最近打开的文件	查看最近访问的文档的列表
画板预设	在主屏幕上选择一个预设的画板，即可开始创作设计项目。可选择 iPhone、Web、社交媒体等不同预设选项，也可自定义画板大小

（2）工作区。

　　设定好画板之后，进入软件的工作区，可以看到工作区非常简洁。macOS 系统的 Adobe XD 工作区如图 1-12 所示。Windows 系统的 Adobe XD 工作区如图 1-13 所示。Adobe XD 的工作区各选项功能见表 1-2。

图 1-12　macOS 系统的 Adobe XD 工作区

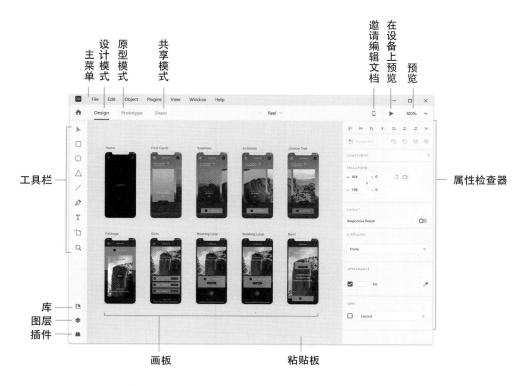

图 1-13　Windows 系统的 Adobe XD 工作区

表 1-2　工作区各选项功能

选项	功能
主菜单	可访问"文件""编辑""对象""查看""窗口""帮助"菜单及其子菜单
设计模式	创建和设计构成项目的各个画板。可导入使用其他工具创建的资源或网络资源，也可在 Adobe XD 中创建图形
原型模式	将画板连接到一起，创建设计方案的演示视频（目前仅 macOS 系统可用此功能），在浏览器或设备中为设计创建原型以及与利益相关者共享原型以供审阅
邀请编辑文档	启用"协同编辑"并邀请其他设计人员访问和编辑用户的文档（此功能在国内暂时无法使用）
共享模式	创建和共享链接以供设计人员审查、开发、演示和用户测试（此功能在国内暂时无法使用）
在设备上预览	通过 USB 将多个设备连接到计算机，设置设备以传输数据并实时查看设备
预览	使用桌面预览，或者使用 iOS 或 Android 设备中的 Adobe XD 应用程序，测试用户创建的原型
属性检查器	定义对象的各种属性并通过不同的选项控制对象。例如，可以指定对象的背景、填充模式、边框、阴影、对齐方式和尺寸，还可将对象组合在一起以制作全新的对象。 使用属性检查器中的"重复网格"选项，可以为重复元素构建布局。使用"固定位置"选项，可以在滚动时固定多个元素的位置。使用"数学计算"选项，可以创建精确度更高的设计，或将对象移动到新位置，或修改对象宽度和高度
工具栏（包括插件、图层、资源和工具）	访问选择工具、绘图工具、文本工具、画板工具以及资源和图层面板
应用程序工具栏	访问设计模式、原型模式、画布缩放比例、预览和共享选项
工作区域	包含带有用户创建的资源的画布或画板

三、学习任务小结

通过本次课的学习，同学们已经初步了解了 Adobe XD 的基本信息及用途，该软件在 UI 设计中的主要功能，以及 Adobe XD 界面等。

四、课后作业

（1）在自己的电脑上完成 Adobe XD 的安装。

（2）进一步熟悉 Adobe XD 的工作区及其各选项功能。

Adobe XD 与同类软件的区别

教学目标

（1）专业能力：了解 Adobe XD 与 Photoshop、Sketch、Axure RP 和墨刀等软件的区别。

（2）社会能力：具备资料收集能力，能对信息进行处理、加工和运用。

（3）方法能力：多问、多思、勤动手，在专业技能方面多实践。

学习目标

（1）知识目标：了解 Adobe XD 与同类软件的差异。

（2）技能目标：能根据设计需求选择合适的设计软件。

（3）素质目标：培养自主学习能力，以及严谨、细致的学习态度。

教学建议

1. 教师活动

介绍 Adobe XD 的同类软件，并讲解 Adobe XD 和同类软件的主要区别。

2. 学生活动

认真听教师介绍 Adobe XD 的同类软件以及各软件之间的区别。

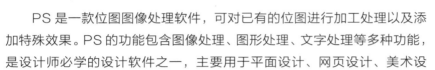

一、学习问题导入

各位同学，大家好！在 UI 设计领域有很多与 Adobe XD 功能差不多的同类软件，本次课，我们就一起来了解一下这些同类软件，以及它们与 Adobe XD 的区别。

二、学习任务讲解

1. Adobe XD 与 Adobe Photoshop 的区别

Adobe Photoshop 简称"PS"，是由 Adobe 开发和发行的图像处理软件。PS 主要处理以像素构成的数字图像，也就是处理位图。其众多的编修与绘图工具，可以有效地进行图片编辑工作。PS 有很多功能，在图像、图形、文字、视频、出版等方面应用广泛。Adobe Photoshop 图标如图 1-14 所示。

图 1-14　Adobe Photoshop 图标

PS 是一款位图图像处理软件，可对已有的位图进行加工处理以及添加特殊效果。PS 的功能包含图像处理、图形处理、文字处理等多种功能，是设计师必学的设计软件之一，主要用于平面设计、网页设计、美术设计以及图片后期处理等。尽管 PS 是一款强大且好用的图像处理软件，但其在 UI 设计方面存在一定局限，且占用内存较大，保存的文档较大。

Adobe XD 是一款矢量设计软件，有着简洁的操作界面。其功能清晰，无弹窗，启动速度和运行速度快，且非常轻量化。同时，它可以直接打开 PSD 格式文件，自动将 PSD 格式文件转换为 XD 格式文件，并以原始 PSD 格式文件的高保真度传输所有可编辑的画板、图层和素材。此外，Adobe XD 除云服务外的其他功能都完全免费。

2. Adobe XD 与 Sketch 的区别

矢量绘图是目前进行 UI 设计的较好方式。Sketch 是一款适用于所有领域设计师的矢量绘图软件。Sketch 图标如图 1-15 所示。

图 1-15　Sketch 图标

相对于 PS，Sketch 在 UI 设计方面有着无可比拟的优势。Sketch 在 UI 设计领域的市场占有率已超过 PS。Sketch 是为图标设计和 UI 设计而诞生的。它是一款出色的一站式应用软件。在 Sketch 中，画布尺寸是无限的，每个图层都支持多种填充模式。Sketch 有优秀的文字渲染和文本式样，还有一些很好用的文件导出工具。Sketch 的特点是容易学习、操作简便，对于有设计经验的设计师来说，入门门槛较低。但是，Sketch 不支持 Windows 系统，只支持 macOS 系统，并且 Sketch 官方声明不会开发 Windows 版本。

Adobe XD 与 PS 一样，都是由 Adobe 公司开发和发行的软件。Adobe XD 作为一款专注于 UI 设计的矢量设计软件，它的操作界面比 Sketch 更加简洁，并且相比于 Sketch，它最大的优势是同时支持 macOS 和 Windows 系统。Adobe XD 能直接打开 PSD 和 Sketch 格式文件进行编辑，如图 1-16 所示，而 Sketch 不能直接打开 XD 格式文件进行编辑。

3. Adobe XD 与 Axure RP 的区别

Axure RP 是美国 Axure Software Solution 公司的旗舰产品，是一款专业的快速原型设计软件，可以使负责定义需求和规格、设计功能和界面的专家能够快速创建应用软件或 Web 网站的线框图、流程图、原型

图 1-16　Adobe XD 能直接打开 PSD 和 Sketch 格式的文件

和规格说明文档。它能快速、高效地创建原型，支持多人协作设计和版本控制管理。Axure RP 图标如图 1-17 所示。

Axure RP 可以制作较为复杂的高保真原型，做出高保真的交互效果，但是在制作设计图方面能力稍弱，所以其用户多数为产品经理。

Adobe XD 多用于 UI 设计，能做出高保真设计图；但只能制作简单的原型，以及较为简单的交互效果。Adobe XD 主要面向 UI 设计师。

Adobe XD 可以在由 Axure RP 制作的相对简单、粗糙的产品原型基础上细化设计图及视觉效果。

图 1-17　Axure RP 图标

4. Adobe XD 与墨刀的区别

墨刀是一款国产的在线原型设计与协同软件，产品经理、设计师、开发人员、销售人员、运营人员及创业者等用户群体可借助墨刀搭建产品原型并演示产品效果。墨刀也是一个协作平台，项目成员可以协作编辑、审阅。墨刀图标如图 1-18 所示。

墨刀操作简单方便，与 Sketch 类似；而且它是基于网页的，所以不限制平台，有大量的素材，可以云端编辑。但是其免费账号只能创建 3 个项目，最多 20 个页面。其主要用于制作原型。

Adobe XD 完全免费，其套件、模板、插件数量都在飞速增长，能制作原型，在没有网络的时候也能使用。因此，Adobe XD 相对于墨刀具备较大的优势。

图 1-18　墨刀图标

三、学习任务小结

通过本次课的学习，同学们已经初步了解了 Adobe XD 的同类软件，以及 Adobe XD 与同类软件的区别。同学们要了解在不同的场景中应用哪些软件较为合适，也要掌握各软件之间如何配合工作，以提高工作效率。

四、课后作业

查找并熟悉 Adobe XD 同类软件的相关资料。

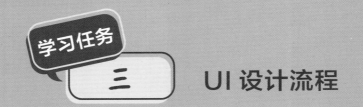

学习任务 三　UI 设计流程

教学目标

（1）专业能力：了解 UI 设计流程，熟悉各阶段内容。

（2）社会能力：具备安装软件的能力，养成细致、认真、严谨的软件操作习惯。

（3）方法能力：多问、多思、勤动手，在专业技能方面多实践。

学习目标

（1）知识目标：了解 UI 设计流程。

（2）技能目标：能分析 UI 设计流程中各阶段的要求与内容。

（3）素质目标：具备一定的自主学习能力，以及发现问题、解决问题的能力。

教学建议

1. 教师活动

讲解 UI 设计流程，并指导学生实训。

2. 学生活动

聆听教师讲解 UI 设计流程，并在教师的指导下进行实训。

一、学习问题导入

各位同学，大家好！在很长一段时间里，视觉传达设计职业岗位技能需求中，平面设计占据着很大的比例。随着数字设计的兴起，视觉传达设计逐渐发展为两个类别，即屏幕内的设计和屏幕外的设计。现在谈及视觉传达设计的时候，大家常常会问："你是平面设计师还是 UI 设计师？"本次课，我们就一起来了解 UI 设计的流程。

二、学习任务讲解

UI 设计包括 app 设计、网页设计、小程序设计等。一个完整的 UI 设计流程如图 1-19 所示。整个流程里几乎每个阶段都与设计师密切相关。

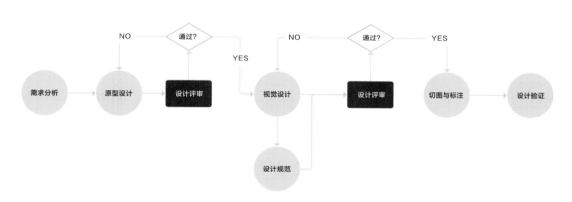

图 1-19 完整的 UI 设计流程

UI 设计的具体流程如下。

1. 需求分析

产品立项后的第一阶段是需求分析阶段。首先了解产品的需求，接着了解市场背景、产品定位与概念以及客户的需求，如图 1-20 所示。

图 1-20 UI 设计的需求分析阶段

2. 原型设计

原型设计是用户体验设计师与 PM、网站开发工程师沟通产品设想的阶段，主要展示产品内容、结构及粗略的布局，说明用户将如何与产品进行交互，如图 1-21 所示。

在大型企业中，职业分工较为精细，原型大多由产品经理制作。而中小企业里，原型大多是设计师制作的。原型设计阶段中，设计师要和产品经理相互就自己擅长的方面进行沟通。

原型设计

低保真原型	产品沟通	改进	高保真原型
绘制产品主要流程	邀请需求方与开发团队，使用低保真原型和项目相关人员确认产品方向框架等	根据沟通会议进行改进	邀请需求方、开发团队、UED，使用高保真原型完整演示产品、功能，并与相关人员确认

图 1-21　UI 设计的原型设计阶段

3. 视觉设计

产品的设计风格与配色是相辅相成的，依据产品特性与需求，选择合适的设计风格，更利于提升视觉效果。因此，设计师要随时了解最新的设计趋势与风格，分清各个设计风格的特点和区别；同时，利用情绪板将设计对象的相关图片和素材整理到一起，将设计理念和概念视觉化地呈现出来，让整个设计流程更加顺畅，如图1-22所示。

视觉设计

情绪板	风格定义	视觉设计	视觉评审
利用情绪板（Mood Board）方法制定风格颜色	设计师根据对产品的判断进行风格设定	根据高保真原型完成设计稿	邀请:需求方、开发团队、UED对视觉设计稿进行最终的确认

图 1-22　UI 设计的视觉设计阶段

4. 设计规范

产品发展日趋平稳时，产品定位和品牌形象进入稳定状态，参与设计的人越来越多，设计的统一性和效率问题会渐渐显现。因此，为了保证设计统一性，提升团队工作效率，提高细节体验，就需要定义和整理设计规范，如图1-23所示。

UI 设计中，设计规范非常重要。知名企业基本上都有一套自己的完整规范体系，例如 Apple（苹果）iOS Human Interface Guidelines（https://developer.apple.com/design/）与 Google（谷歌）Material Design（https://material.io/design）设计规范如图1-24和图1-25所示。在整理设计规范时，以大平台规范体系作为参考，针对产品自身情况修改，整理出所需的规范内容，能有效地避免规范内容遗漏。

5. 切图与标注

当设计定稿之后，设计师要对图标进行切图与标注，并提供给开发工程师，如图1-26所示。切图与标注是为了满足开发工程师对于效果图的高度还原需求，直接影响到开发工程师对设计效果的还原度。合适、精准的切图可以最大限度地还原设计图，起到事半功倍的效果。

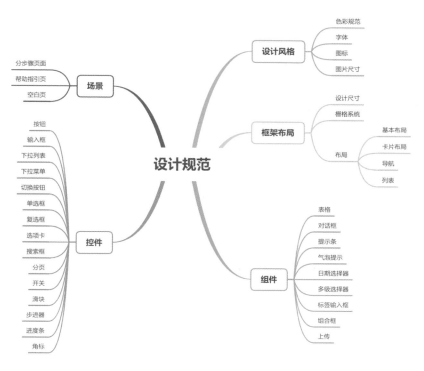

图 1-23　UI 设计的设计规范阶段

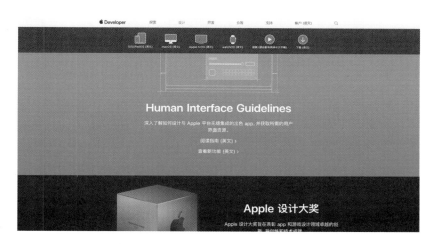

图 1-24　Apple（苹果）iOS Human Interface Guildelines 设计规范

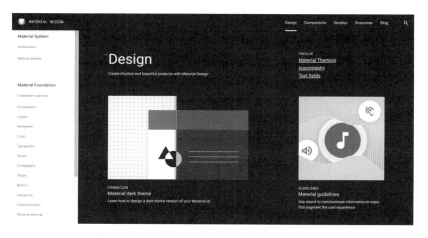

图 1-25　Google（谷歌）Material Design 设计规范

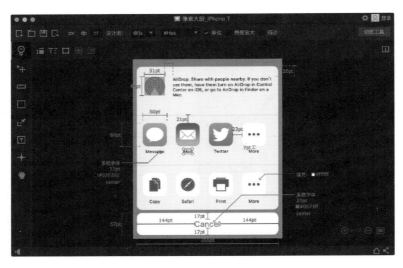

图 1-26　UI 设计的切图标注阶段

6. 设计验证

当设计稿交付之后，设计师的工作已经基本结束，但一个完整的 UI 设计流程还需要一些收尾工作。除了视觉走查，设计师也可以关注一下设计方案上线后，是否达到了项目初期所设定的各项指标，如 PV（Page View 访问量）、UV（独立访客人数）、IP（访问终端地址）等。如达到预期，设计师可以总结设计经验，提升设计水平。如未达到预期，应分析设计方案的缺陷，在下次改版时进行优化。上述环节就是设计验证阶段，如图 1-27 所示。

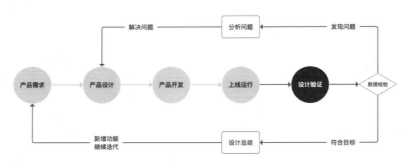

图 1-27　UI 设计的设计验证阶段

三、学习任务小结

通过本次课的学习，同学们已经初步了解了 UI 设计流程，也认识了 UI 设计流程中各个阶段的要求与内容。课后，同学们要多收集 UI 设计案例，养成收集、整理和归纳资料的学习习惯，为后续课程的学习储备素材。下次课会邀请一些同学对本次课的知识点进行阐述。

四、课后作业

（1）简要阐述 UI 设计流程中各个阶段视觉设计师的主要工作。

（2）收集 20 个 UI 设计案例，并按照不同风格进行分类。

项目二
Adobe XD 的基本操作

学习任务一　Adobe XD 的安装

学习任务二　新建文件与画板

学习任务三　绘制图形、导入与打开文件

学习任务四　添加图像和文本

学习任务五　对齐工具与布尔运算工具

学习任务六　桌面预览和共享

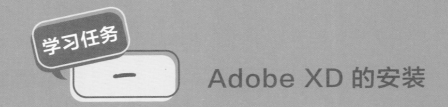

学习任务 一 Adobe XD 的安装

教学目标

（1）专业能力：能通过官方网站进行 Adobe XD 的下载和安装。

（2）社会能力：具备一定的资料搜集能力。

（3）方法能力：软件操作能力和软件安装能力。

学习目标

（1）知识目标：掌握下载和安装 Adobe XD 的方法。

（2）技能目标：能进行 Adobe XD 的下载、安装和调试。

（3）素质目标：具备一定的自主学习能力和软件应用能力。

教学建议

1. 教师活动

讲解和示范下载和安装 Adobe XD 的方法，并指导学生进行实训。

2. 学生活动

认真聆听教师讲解和示范下载和安装 Adobe XD 的方法，并在教师的指导下进行实训。

一、学习问题导入

本次课我们一起来学习如何在官方网站下载 Adobe XD。

二、学习任务讲解与技能实训

1. 系统要求

Adobe XD 要求 Windows 10 1703 或 iOS 10.12 及以上版本的操作系统。

2. 安装和卸载

Adobe XD 通常通过 Adobe Creative Cloud 安装，可登录官方网站下载 Adobe XD 的安装程序。

（1）登录 Adobe XD 官方网站：https://www.adobe.com/cn/products/xd.html。如图 2-1 所示。

（2）点击"下载 XD"。

（3）双击安装程序，如图 2-2 所示。

在已有账号的情况下可直接登录，如图 2-3 所示。没有账号可单击"注册"新建账号。下载后会自动安装 Adobe Creative Cloud，再自动安装 Adobe XD。

图 2-1　Adobe XD 官方网站

图 2-2　双击安装程序

图 2-3 登录

（4）安装完成后在"开始"屏幕点击，可直接打开软件，如图 2-4 所示。

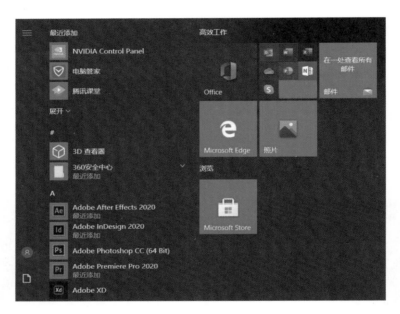

图 2-4 "开始"屏幕

三、学习任务小结

本次课通过技能实训学习了如何在官网下载正版的 Adobe XD。课后，同学们要对本次课所学的操作方法进行实操练习，掌握其中的技巧，加深对知识点的理解。

四、课后作业

完成正版 Adobe XD 的下载。

学习任务 二　新建文件与画板

教学目标

（1）专业能力：能够新建 Adobe XD 文件以及新建画板，并能够使用画板工具。

（2）社会能力：具备一定的软件操作能力。

（3）方法能力：软件操作能力、自主学习能力。

学习目标

（1）知识目标：掌握新建文件与画板的方法。

（2）技能目标：能在教师的指导下进行新建文件与画板的技能实训。

（3）素质目标：自主学习、勤加练习、举一反三。

教学建议

1. 教师活动

示范新建文件与画板的方法，并指导学生进行实训。

2. 学生活动

观看教师示范新建文件与画板的方法，并在教师的指导下进行实训。

一、学习问题导入

Adobe XD 启动界面与 PS、AI 类似。新建文件首先要做的就是新建画板，启动界面中有一些固定尺寸的预设画板供用户选择，可以根据自己的需要选择合适的画板。

二、学习任务讲解与技能实训

1. 新建文件

（1）启动 Adobe XD，首先看到的是启动界面，如图 2-5 所示。左侧为导航，右侧为 Adobe XD 基础知识的学习界面及预设画板界面。

（2）预设画板如图 2-6 ～图 2-9 所示，包括移动设备端预设画板、平板电脑端预设画板、Web/ 桌面端预设画板，以及自定大小预设画板。

（3）新建画板如图 2-10 所示。

图 2-5　启动界面

图 2-6　预设画板 1

图 2-7　预设画板 2

图 2-8　预设画板 3

打开新文档

IPhone 12 Pro Max ∨　　　Web 1920 ∨　　　Instagram 故事 ∨　　　自定大小
428 x 926 像素　　　1920 x 1080 像素　　　1080 x 1920 像素　　　W |　　H

图 2-9　预设画板 4

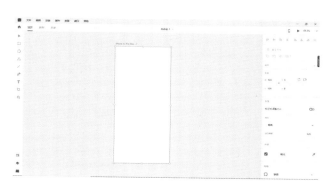

图 2-10　新建画板

（4）Adobe XD 菜单栏包含"文件""编辑""对象""插件""查看""窗口""帮助"菜单，如图 2-11 ~ 图 2-18 所示。

Xd　文件　编辑　对象　插件　查看　窗口　帮助

图 2-11　Adobe XD 菜单栏

文件	编辑	对象	插件	查看
新建				Ctrl+N
打开...				Ctrl+O
从您的计算机中打开...				Shift+Ctrl+O
最近打开文件				▶
获取 UI 套件...				
管理库...				
关闭				Alt+F4
重命名...				
保存...				Ctrl+S
另存为...				Shift+Ctrl+S
恢复到已保存				
显示文档历史记录				
导出				▶
导入...				Shift+Ctrl+I

图 2-12　"文件"菜单

编辑	对象	插件	查看
还原			Ctrl+Z
重做			Shift+Ctrl+Z
剪切			Ctrl+X
拷贝			Ctrl+C
复制 SVG 代码			
粘贴			Ctrl+V
粘贴外观			Ctrl+Alt+V
复制			Ctrl+D
删除			Del
全选			Ctrl+A
全部取消选择			Shift+Ctrl+A
打开拼写检查			
首选项			▶

图 2-13　"编辑"菜单

对象	插件	查看	窗口	帮助
组				Ctrl+G
取消编组				Shift+Ctrl+G
锁定				Ctrl+L
隐藏				Ctrl+,
为资源添加颜色				Shift+Ctrl+C
为资源添加字符样式				Shift+Ctrl+T
制作组件				Ctrl+K
编辑主组件				Shift+Ctrl+K
重置为主组件状态				
添加导出标记				Shift+E
显示资源中的颜色				
显示资源中的字符样式				
显示资源中的组件				
带有形状的蒙版				Shift+Ctrl+M
制作重复网格				Ctrl+R
制作滚动组				▶
路径				▶
文本				▶
排列				▶
变换				▶
对齐像素网格				
对齐				▶
分布				▶

图 2-14　"对象"菜单

查看	窗口	帮助	
放大		Ctrl++	
缩小		Ctrl+-	
100%		Ctrl+1	
200%		Ctrl+2	
缩放至选区		Ctrl+3	
缩放以容纳全部		Ctrl+0	
✓ 库		Shift+Ctrl+Y	
图层		Ctrl+Y	
插件		Shift+Ctrl+P	
参考线		▶	
显示布局网格		Shift+Ctrl+'	
显示方形网格		Ctrl+'	
显示 3D 变换		Ctrl+T	

插件	查看
管理插件…	
开发	▶

窗口	帮助
预览	Ctrl+Enter
✓ 未命名-1	

帮助

学习使用 XD…

用户指南…

新增功能…

发行说明…

关于 XD

管理我的帐户…

注销… (1259164246@qq.com)

更新…

升级 XD 计划

图 2-15 "插件"菜单　图 2-16 "查看"菜单　图 2-17 "窗口"菜单　　图 2-18 "帮助"菜单

2. 画板工具

（1）在启动界面可以创建只有一个画板的 Adobe XD 文件。单击左侧工具栏中的画板工具（快捷键 A） ，可以对画板进行管理、修改画板尺寸或名称，使其看上去更加规范。

在一个 Adobe XD 文件中，可以创建多个相同尺寸的画板，用来设计同一个产品的不同界面（如主页、列表页及文章页等）；也可以创建多个不同尺寸的画板，用来设计同一个界面在不同类型设备（如手机、台式计算机、平板电脑等）中的排版方式。

（2）创建一个包含画板的空白文件，单击画板工具（快捷键 A） ，此时右侧的属性检查器会变为画板选项，如图 2-19 ～图 2-21 所示。画板选项偶尔会在属性检查器最下方，将鼠标指针移动到属性检查器，并将右侧的滚动条往下拖动即可看到。新增画板如图 2-22 所示。

画板选项分为四类：移动设备、平板电脑、Web/ 桌面、手表。

图 2-19　画板选项 1　　　　图 2-20　画板选项 2　　　　图 2-21　画板选项 3

图 2-22　新增画板

三、学习任务小结

　　通过本次课的学习，同学们已经初步掌握了在 Adobe XD 中新建画板的方法和步骤，也了解了 Adobe XD 菜单栏中的选项。课后，大家要对本次课所学的技能进行反复练习，做到熟能生巧。

四、课后作业

　　尝试新建并增加画板。

学习任务 三 绘制图形、导入与打开文件

教学目标

（1）专业能力：能运用基础形状工具绘制矩形、圆角矩形、椭圆、圆形、多边形和直线；能使用钢笔工具绘制直线、曲线、编辑路径；能导入、打开文件。

（2）社会能力：具备分析图形的能力，能把简单的图形绘制出来，并利用工具提高绘图效率；具备导入文件的能力。

（3）方法能力：软件操作能力、图形分析能力。

学习目标

（1）知识目标：掌握基础形状工具和钢笔工具的使用方法，能将文件导入 Adobe XD 中。

（2）技能目标：能进行基础形状工具与钢笔工具的技能实训。

（3）素质目标：自主学习、勤加练习、举一反三。

教学建议

1. 教师活动

讲解基础形状工具和钢笔工具的知识点，分解绘制步骤，进行实例示范，并指导学生进行实训。

2. 学生活动

认真聆听教师讲解基础形状工具和钢笔工具的知识点，观看实例示范，并在教师的指导下进行实训。

一、学习问题导入

任何复杂的图形都是由点、线、面组合而形成的，同学们要学会把复杂的图形拆解成简单的图形的组合。利用 Adobe XD 的基础形状工具和钢笔工具，可以绘制出想要的图形。本次课的学习任务就是通过实例来学习简单图形的画法，以及钢笔工具的操作方法。

二、学习任务讲解与技能实训

1. 绘制矩形和圆角矩形

Adobe XD 左侧工具栏中的矩形工具、椭圆工具、直线工具以及钢笔工具可以快速绘制简单的图形，选择工具可以选择一个或多个对象进行编辑。

新建一个空白的文件，选中左侧工具栏中的矩形工具 □（快捷键 R），在画板中按住鼠标左键不放，拖动鼠标，即可绘制一个矩形。按住 Alt 键再拖动鼠标，可以以鼠标指针落点的地方为中心绘制矩形。在拖动鼠标的同时，按住 Shift 键，就可以绘制一个正方形。如图 2-23 所示。

图 2-23　绘制矩形

选中一个绘制出来的矩形，上面有 8 个空心的圆圈和 4 个内有圆点的圆圈。将鼠标指针放在空心圆圈上，再拖动鼠标，可以改变矩形的大小，如图 2-24 和图 2-25 所示。

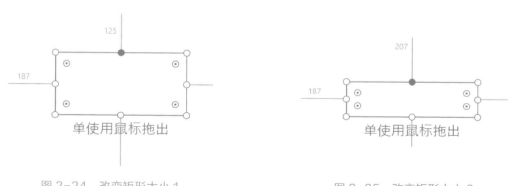

图 2-24　改变矩形大小 1　　　　　图 2-25　改变矩形大小 2

将鼠标指针放到内有圆点的圆圈上，再拖动鼠标，可以同时修改 4 个圆角的大小，绘制出圆角矩形，如图 2-26 所示。

按住 Alt 键，选中一个内有圆点的圆圈，则可以单独改变一个圆角的大小，如图 2-27 所示。

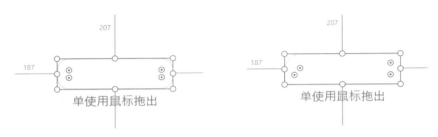

图 2-26　绘制圆角矩形　　　　图 2-27　单独改变一个圆角大小

2. 绘制椭圆和圆形

在左侧工具栏中单击椭圆工具 ○（快捷键 E），然后按住鼠标左键不放，并拖动鼠标，可以绘制一个椭圆，如图 2-28 所示。

如果要绘制一个圆形，在拖动鼠标的同时按住 Shift 键即可，如图 2-29 所示。

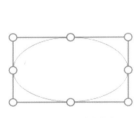
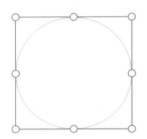

图 2-28　绘制椭圆　　　　　　　图 2-29　绘制圆形

3. 绘制多边形

在左侧工具栏中单击三角形工具 △（快捷键 Y），然后按住鼠标左键不放，并拖动鼠标，可以绘制一个三角形，拖动鼠标的同时按住 Shift 键可以绘制等边三角形，如图 2-30 所示。

右侧工具栏中的 ○ 3　⌒ 0　✿ 100% 用于绘制或改变多边形的形状。

将角计数改为"4" ⬠ 4，可绘制菱形，如图 2-31 所示。

将角计数改为"5"，圆角半径改为"30" ⬠ 5　⌒ 30　✿ 100%，可绘制圆角的五边形，如图 2-32 所示。

调整星形比 ✿ 30%，可绘制星形，如图 2-33 所示。

单使用鼠标绘制　　　　Shift+ 鼠标绘制

图 2-30　绘制三角形　　　　　　图 2-31　绘制菱形

图 2-32 绘制圆角五边形 　　　　　图 2-33 绘制星形

4. 绘制直线

在左侧工具栏中单击直线工具 ╱（快捷键 L），然后按住鼠标左键不放并拖动鼠标，可以绘制一条直线。拖动鼠标时按住 Shift 键，可以绘制 45°的倍数角度的直线，包括水平方向（0°）的直线、垂直方向（90°）的直线等。如图 2-34 所示。

单使用鼠标绘制　　　　　　　Shift+ 鼠标绘制

图 2-34 绘制直线

5. 钢笔工具

在左侧工具栏中单击钢笔工具 ✐（快捷键 P），然后选择一个起点并单击，在空白处再单击一下，可以绘制出一条直线（在绘制的过程中按住 Shift 键，直线的角度将被限制为 45°的倍数），如图 2-35 所示。空心的圆为锚点，锚点被选中后是实心的圆。绘制过程中按 Esc 键或创建一个形状可以闭合路径。

定义一个锚点后，在曲线改变方向的位置按住鼠标左键不放，然后添加一个锚点并拖动它，如图 2-36 所示，可以创建一条曲线，曲线方向线的长度和方向决定曲线的形状。

图 2-35 钢笔工具绘制直线 　　　　　图 2-36 绘制曲线

6. 导入与打开文件

从本地计算机中导入文件的方法有：按"Ctrl+Shift+I"，选择文件，点击"导入"；直接从本地计算机的文件管理器中将文件拖入 Adobe XD；执行"文件 – 导入"菜单命令，双击文件。

目前支持导入的文件格式有 PSD、AI、JPG、PNG、GIF、TIFF 及 SVG 等。

PSD 格式文件被导入后，会被转换为 XD 格式文件，可以直接对其进行编辑或制作交互效果。但并非 PSD 格式文件中所有的内容都会被导入，部分内容可能会丢失或被栅格化，例如混合模式、对称渐变及描边渐变，目前完全支持导入的内容有图像、不透明度、描边效果、编组及智能对象。

用 Adobe XD 打开 XD、PSD、AI、Sketch 格式文件的方法有：执行"文件－打开"菜单命令，如图 2-37 和图 2-38 所示，会弹出选择文件的窗口，选择要打开的文件格式，再选择要打开的文件；在本地计算机文件管理器中，用鼠标右键单击要打开的文件，在快捷菜单中执行"打开方式 -Adobe XD"菜单命令。

另外，在 AI 中，可以直接复制并粘贴对象到 Adobe XD 中，由于它们都是矢量设计软件，所以对象图层等信息都会被保留且全部可编辑。

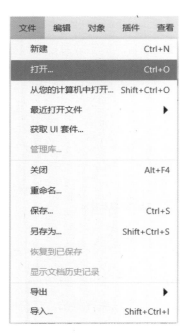

图 2-37 "文件－打开"

图 2-38 选择文件格式

三、学习任务小结

通过本次课的学习，同学们初步掌握了运用 Adobe XD 绘制简单几何图形的方法，以及钢笔工具的使用技巧。课后，大家要针对本次课所学知识点进行技能实训，熟练掌握相关技能。

四、课后作业

根据学习任务进行实际操作，并在操作过程中使用基础形状工具及钢笔工具。

学习任务

四

添加图像和文本

教学目标

（1）专业能力：掌握添加图像以及使用文本工具的方法，能创建文本，能用点文本、区域文本、拼写检查及文本属性栏进行文本编辑。

（2）社会能力：具备文字拼写能力，能利用工具提高拼写效率。

（3）方法能力：软件操作能力、文字拼写能力。

学习目标

（1）知识目标：掌握添加图像、使用文本工具的方法，能对文本进行排版。

（2）技能目标：能进行添加图像和编辑文本技能实训。

（3）素质目标：自主学习、勤加练习、举一反三。

教学建议

1. 教师活动

讲解和示范添加图像和编辑文本的方法，并指导学生进行实训。

2. 学生活动

认真聆听和观看教师讲解和示范添加图像和编辑文本的方法，并在教师的指导下进行实训。

一、学习问题导入

有一些图像无法通过基础形状工具和钢笔工具进行绘制，这个时候就要学会将图像在其他软件中制作好，然后导入 Adobe XD 中。本次学习任务就是通过实操来学习添加图像以及使用文本工具的方法。

二、学习任务讲解与技能实训

1. 添加图像

按住鼠标左键将要添加的图像文件拖到 Adobe XD 中，或者执行"文件 – 导入"再双击图像文件，如图 2-39 所示。

2. 文本工具

文本工具主要用于创建文本，文本分为点文本和区域文本。点文本默认只有一行，高度与文字的高度相同，宽度由文字内容的多少决定，一般用于无须换行也不会超出页面区域的短文本。区域文本须设置宽度和高度，输入文字时若一行文字的宽度大于区域文本框的宽度会自动换行，一般用于大段文字。

（1）点文本。

在左侧工具栏中点击文本工具 T（快捷键 T），在需要输入文字的地方单击即可创建点文本，此时可输入文字，按 Esc 键可提交文本，按回车键可对文本进行换行，如图 2-40 所示。

（2）区域文本。

与点文本不同的是，区域文本须通过按住鼠标左键不放，拖动鼠标来创建文本框。在文本框内单击可输入文字，当一行文字的宽度达到文本框宽度时会自动换行；超过文本框高度的文字仍然会显示，但按 Esc 键提交后会被隐藏；按回车键可对文本进行换行。区域文本如图 2-41 和图 2-42 所示。

文件	编辑	对象	插件	查看
新建				Ctrl+N
打开...				Ctrl+O
从您的计算机中打开...				Shift+Ctrl+O
最近打开文件				▶
获取 UI 套件...				
管理库...				
关闭				Alt+F4
重命名...				
保存...				Ctrl+S
另存为...				Shift+Ctrl+S
恢复到已保存				
显示文档历史记录				
导出				▶
导入...				Shift+Ctrl+I

图 2-39 "文件 – 导入"

Adobe XD

图 2-40 点文本

与点文本不同的是,区域文本
需要通过按住鼠标左键不放,
拖动鼠标指针来创建文本框,
在文本框内单机输入文本,当
文本的宽度达到文本区域宽
度,文本会自动换行.超过文
区域高度的文本仍然会显示,

图 2-41 区域文本 1

与点文本不同的是,区域文本
需要通过按住鼠标左键不放,
拖动鼠标指针来创建文本框,
在文本框内单机输入文本,当
文本的宽度达到文本区域宽
度,文本会自动换行.超过文本
区域高度的文本仍然会显示,
但按ESC提交后,超出文本区域
的内容会被隐藏,按回车键可
以进行手动换行.

图 2-42 区域文本 2

3. 文本属性

单击文本属性栏中的字体名称可进入字体编辑状态，直接输入已安装字体的名称可修改字体；也可单击右侧下拉箭头 ∨，从弹出的已安装字体列表中选择合适的字体，如图 2-43 所示。

字体名称下方左侧为字号，即字体大小，单击字号，可以修改字体的大小，如图 2-44 所示。

很多字库的字体后面标有"Regular"等字样，指的就是字重，不同的字重，笔画的粗细不同，常用的字重如图 2-45 所示。

图 2-43　字体列表　　　　　　　　图 2-45　字重

字号与字重下方为字符间距、行间距和段落间距。

字符间距指两个相邻的字在水平方向上的距离。

行间距指每行文字的高度。

段落间距指两个相邻段落之间的距离。

文本对齐的方式分为左对齐、居中对齐、右对齐 3 种，文本对齐工具如图 2-46 所示。

文本对齐工具下面一排按钮用于改变字母的大小写、添加下划线及删除线等。例如，单击"下划线"按钮，可以给文本添加下划线，如图 2-47 所示。

图 2-46　文本对齐工具　　　　　　　　　　图 2-47　"下划线"按钮

三、学习任务小结

本次课主要学习了添加图像的方法和文本工具的使用技巧。课后，同学们要对本次课所学的技能进行反复练习，加深对知识点的理解。

四、课后作业

使用添加图像和添加文本的方法制作一个简单的 UI。

对齐工具与布尔运算工具

教学目标

（1）专业能力：能使用对齐工具、布尔运算工具。

（2）社会能力：具备基础工具使用能力，能利用工具提高制图效率。

（3）方法能力：软件操作技能，图形编辑技能。

学习目标

（1）知识目标：掌握对齐工具、布尔运算工具的使用方法。

（2）技能目标：能进行对齐工具、布尔运算工具的技能实训。

（3）素质目标：自主学习、勤加练习、举一反三。

教学建议

1. 教师活动

讲解对齐工具、布尔运算工具的知识点，并指导学生进行技能实训。

2. 学生活动

聆听教师讲解对齐工具、布尔运算工具的知识点，并在教师的指导下进行技能实训。

一、学习问题导入

各位同学好！在制作设计图过程中，我们经常会遇到将两个图形相加、相减或排序的情况，这时就要用到对齐工具和布尔运算工具了。本次课我们就来学习一下相关的知识。

二、学习任务讲解与技能实训

1. 对齐工具

在设计中，将对象对齐，既符合用户的认知特性，也能引导视觉流向，让用户更流畅地接收信息。对齐工具在属性检查器的最上方，默认为浅灰色，在未激活的状态下不可使用。对齐工具有 8 个，从左到右为顶部对齐工具、垂直居中对齐工具、底部对齐工具、水平分布工具、左对齐工具、水平居中对齐工具、右对齐工具以及垂直分布工具，如图 2-48 所示。

仅选择一个对象使用对齐工具时，默认使该对象与其所在的画板对齐。选择多个对象使用对齐工具时，将会进行相对对齐。

图 2-48　对齐工具

2. 布尔运算工具

布尔运算工具位于属性检查器的上方，与重复网格工具相邻，包含添加工具、减去工具、交叉工具、排除重叠工具，如图 2-49 所示。

使用添加工具，可以将简单的形状组合成新的形状，但仅适用于多个形状。选择需要组合的形状，如图 2-50 所示，使用添加工具，可以将两个形状组合成新的形状，如图 2-51 所示。

图 2-49　布尔运算工具

使用减去工具，可以从下方形状中减去上方形状从而形成新的形状，如图 2-52 所示。

使用交叉工具，可以使两个形状相交区域形成新的形状，如图 2-53 所示。

使用排除重叠工具，可以删除两个形状重叠区域，同时保留剩余区域并组成新的形状，如图 2-54 所示。

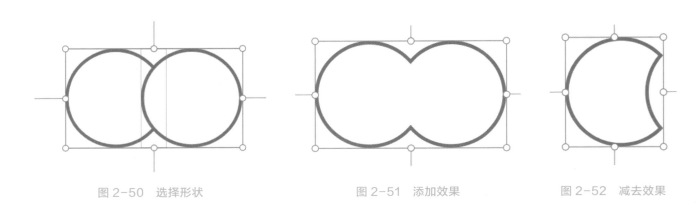

图 2-50　选择形状　　　　　　图 2-51　添加效果　　　　　　图 2-52　减去效果

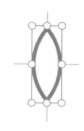

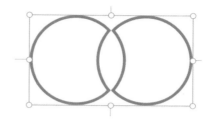

图 2-53　交叉效果　　　　　　　图 2-54　排除重叠效果

三、学习任务小结

通过本次课的学习，同学们已经初步掌握了对齐工具以及布尔运算工具的基本知识和操作方法。课后，大家要对本次课所学技能进行反复练习，掌握其中的技巧。

四、课后作业

使用对齐工具以及布尔运算工具制作一个 logo。

学习任务 六　桌面预览和共享

教学目标

（1）专业能力：掌握运用 Adobe XD 在电脑端进行桌面预览以及共享的方法。

（2）社会能力：运用桌面预览及共享功能的能力。

（3）方法能力：软件操作技能，画面优化能力。

学习目标

（1）知识目标：掌握桌面预览及共享的操作方法。

（2）技能目标：能进行桌面预览及共享的技能实训。

（3）素质目标：自主学习、勤加练习、举一反三。

教学建议

1. 教师活动

讲解桌面预览及共享的知识点，并指导学生进行实训。

2. 学生活动

聆听教师讲解桌面预览及共享的知识点，并在教师的指导下进行实训。

一、学习问题导入

完成最终的设计后，可以使用桌面预览功能进行效果预览。如果想传给甲方审核或便于后期修改，就要用到共享功能，以方便在线上进行讨论和修改，并对修改结果进行实时观察。本次课，我们就一起来学习桌面预览及共享的方法。

二、学习任务讲解与技能实训

1. 桌面预览

单击 Adobe XD 右上角的"桌面预览"按钮，如图 2-55 所示。

在未选择任何对象的情况下，单击"桌面预览"按钮后会打开桌面预览窗，默认显示的第一个页面是原型设置的首页。

如果选择了某个画板或某个画板中的对象，单击"桌面预览"按钮后，桌面预览窗显示的是该画板或该对象所在的画板。

图 2-55　"桌面预览"按钮

2. 共享

通过共享，可以将原型生成在线链接、设计规范或保存为云文档共享给他人。"共享"按钮在 Adobe XD 的右上角，如图 2-56 所示。

单击"共享"按钮后可以看到共享菜单，其中有 5 个选项，分别为"邀请编辑""共享以审阅""共享以开发""管理链接""录制视频"，如图 2-57 所示。

邀请编辑功能可以将设计文件共享给他人，被共享的人也拥有文件的编辑权。打开需要共享的文件，单击"共享"按钮后，在弹出的菜单中单击"邀请编辑"选项即可，如图 2-58 所示。

图 2-56　"共享"按钮　　　　图 2-57　共享菜单　　　　图 2-58　邀请编辑

使用邀请编辑功能前，要将文件保存为云文档，若文件未保存为云文档，操作时会弹出"保存为云文档以邀请他人"窗口，如图 2-59 所示。单击"继续"按钮，在弹出的文件保存确认窗口内输入文件名称，"保存位置"选择"云文档"，再单击"保存"按钮，即开始保存为云文档，保存为云文档所需要的时间受网络传输速度影响，网络传输速度较慢时需要等待，在等待过程中界面会提示"正在保存"，保存完成后，会弹出"共享文档"窗口，如图 2-60 所示，可在"添加人员"中填写所邀请用户的邮箱，再单击"邀请"，对方会收到邮件提示。

图 2-59 "保存为云文档以邀请他人"窗口　　　　　　图 2-60 "共享文档"窗口

三、学习任务小结

本次课主要通过技能实训学习了桌面预览以及共享的相关知识点。同学们要对本次课所学的命令和操作方法进行反复实操练习，加深对知识点的理解。

四、课后作业

制作完成自己的作品后，进行桌面预览，并将自己的作品共享给同学，相互修改。

项目三
Adobe XD 的特色功能

学习任务一　重复网格
学习任务二　响应式调整大小
学习任务三　资源库
学习任务四　常用插件

学习任务 一　重复网格

教学目标

（1）专业能力：能使用重复网格功能批量制作相同元素；能够批量替换重复网格中的文本和图片；能使用重复网格功能来制作设计图。

（2）社会能力：通过课堂交流和实践练习，提升交流和动手能力。

（3）方法能力：软件操作技能，网格规划技能。

学习目标

（1）知识目标：掌握 Adobe XD 的重复网格功能使用方法。

（2）技能目标：能使用 Adobe XD 的重复网格功能简化繁琐的重复工作。

（3）素质目标：具备简化重复工作的能力，使工作更加高效，提升综合能力。

教学建议

1. 教师活动

（1）讲解 Adobe XD 的重复网格功能。

（2）讲解重复网格功能在实际工作中的应用场景。

（3）指导学生练习重复网格功能。

2. 学生活动

（1）认真听教师讲解重复网格功能的使用方法，并做好笔记。

（2）了解重复网格功能在实际工作中的应用场景。

（3）在教师指导下进行重复网格功能的实训。

一、学习问题导入

各位同学，大家好！在浏览网页时，如果我们仔细观察的话，就会发现很多重复性的元素，例如电商网站中的商品栏（如图 3-1 所示），通信软件中的通讯录（如图 3-2 所示）。

对于重复性元素，设计师在设计过程中通常要花费大量的时间来复制、粘贴或修改。在完成设计后，经常会面临修改其中的一部分文字或者图形的要求，而任何一个看似简单的要求都会浪费大量的时间和精力。基于此，Adobe XD 提供了重复网格功能。

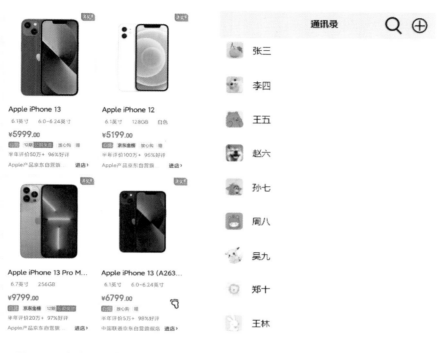

图 3-1 电商网站中的商品栏　　　图 3-2 通信软件中的通讯录

二、学习任务讲解

重复网格是 Adobe XD 相对于 Sketch 具有竞争优势的一个重要功能。"重复网格"按钮位于属性检查器中，如图 3-3 所示。当没有选择元素的时候，按钮处于不可点击状态，是灰色的；选中元素后，按钮才处于可点击状态。

1. 创建和编辑重复网格

每一个重复网格都是一个特殊的元素。选择一个对象或一组对象，然后单击属性检查器中的"重复网格"按钮即可以创建重复网格。

打开 Adobe XD，新建一个预设画板为"iPhone 12 Pro Max"的空白文档，编辑好需要重复的元素，设置好颜色、字体、字号等。然后使用选择工具选中这些元素，单击属性检查器中的"重复网格"按钮，即可将所选元素转换为重复网格。如果需要转换的元素较多，可先将元素编组再进行转换。转换为重复网格后，元素的边框右边和下边将各显示出一个较大的拖动按钮，如图 3-4 所示。

按住右边的拖动按钮，往右拖动，元素将在水平方向进行复制，如图 3-5 所示。按住下边的按钮，并向下拖动，元素将在垂直方向进行复制，如图 3-6 所示。不管拖动多远，元素都会复制出来，不会被画板大小局限。

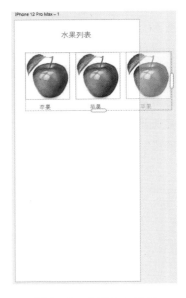

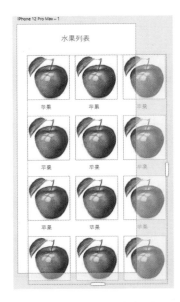

图 3-3 "重复网格" 按钮　　图 3-4 将元素转换为重复网格　　图 3-5 水平方向复制　　图 3-6 垂直方向复制

2. 调整重复网格中元素的间距

将鼠标指针移动到元素的空隙中，按住鼠标左键并拖动鼠标即可调整间距。调整水平方向间距如图 3-7 所示。调整垂直方向间距如图 3-8 所示。调整到合适间距如图 3-9 所示。

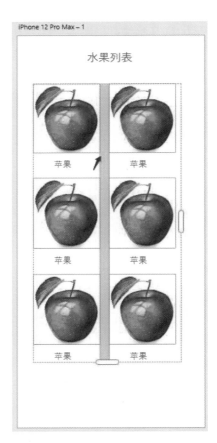

图 3-7 调整水平方向间距　　　　图 3-8 调整垂直方向间距　　　　图 3-9 调整到合适间距

3. 批量替换图片

如果需要按顺序替换图片，那么在导入图片之前要按顺序排列好，如图 3-10 所示。然后选中已排列好的图片，拖动到 Adobe XD 中需要替换的图片的位置，如图 3-11 所示。替换后的效果如图 3-12 所示。

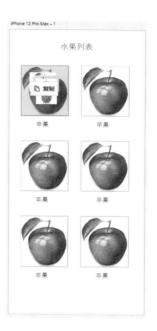

图 3-10　排列好需要导入的图片　　　　图 3-11　替换图片　　　　图 3-12　替换后的效果

4. 批量替换文本

新建一个 TXT 文本，输入文字，排列好顺序，每个词单独一行，如图 3-13 所示。将文本拖进 Adobe XD 的文本框中进行替换，如图 3-14 所示。替换后的效果如图 3-15 所示。

图 3-13　编辑好文本　　　　图 3-14　替换文本　　　　图 3-15　替换后的效果

5. 取消重复网格

确定批量编辑好所有元素以后，选中元素，点击"取消网格编组"按钮，即可取消重复网格，如图3-16所示。取消重复网格后可以对每个元素进行单独编辑，但是不能再进行批量编辑了，即取消重复网格不可逆，在没有确定是否已经批量编辑完成的情况下，建议不要轻易取消重复网格。

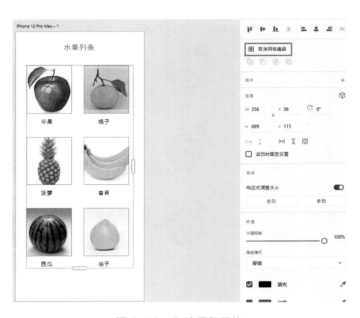

图3-16　取消重复网格

三、学习任务小结

通过本次课的学习，同学们已经初步掌握了 Adobe XD 的重复网格功能的使用方法，也了解了 Adobe XD 的重复网格功能的应用场景。

四、课后作业

根据学习任务，做好笔记，多练习，掌握重复网格功能。

学习任务

二

响应式调整大小

教学目标

（1）专业能力：了解响应式设计的概念，能针对不同的设备做不同的响应式设计。

（2）社会能力：通过课堂交流和实践练习，提升沟通和动手能力。

（3）方法能力：软件操作能力，沟通交流能力。

学习目标

（1）知识目标：了解响应式设计的概念和响应式调整大小的方法。

（2）技能目标：能使用 Adobe XD 针对不同设备制作响应式设计页面。

（3）素质目标：理论联系实际，将所学知识转化为动手能力和应用能力。

教学建议

1. 教师活动

（1）通过介绍智能设备的发展历程，引出响应式设计概念，并让学生充分理解。

（2）演示如何使用 Adobe XD 进行网页的响应式设计。

2. 学生活动

在教师指导下进行响应式调整大小功能的实训，掌握使用 Adobe XD 进行响应式设计的方法。

一、学习问题导入

各位同学，大家好，随着智能手机及平板电脑的普及，大家越来越重视手机及平板电脑上的网页显示效果，我们仔细观察可以发现，同一个网站页面，在手机、平板电脑上可能会有不同的显示效果，这里面就可能涉及了响应式设计。

二、学习任务讲解

1. 响应式设计

响应式设计是指根据用户行为和设备、分辨率的不同，设计出不一样的网页布局。如图3-17所示是设计网站花瓣网在iPad端、iPhone端、Web端的不同网页布局。响应式设计常用于让网页可以在各种屏幕尺寸不同的设备上自动显示合适的布局。

随着智能设备种类的不断增加，在设计网站时，要充分考虑网站在多种屏幕尺寸不同的设备上的布局问题。Adobe XD自带很多不同尺寸的画板，如图3-18所示。

2. 响应式调整大小的概念

在网站设计过程中，设计师通常需要为同一个页面创建多个不同尺寸的画板。这意味着设计师要复制原画板的所有对象到新画板，然后手动调整新画板上的所有对象。为了解决这个问题，Adobe XD提供了响应式调整大小的功能。借助于这项功能，Adobe XD能自动预测设计师要应用哪些约束，然后在调整对象大小时自动应用这些约束。

图 3-17　花瓣网在不同设备上的显示情况

图 3-18　Adobe XD 自带画板

传统操作中，为了实现类似响应的行为，设计师必须手动将约束应用于多个对象，以在调整大小时指示对象行为。这种单调且耗时的方法更适用于猜测工作，掩盖了设计过程中的创意火花。

默认情况下，画板的响应式调整大小功能是关闭的。在设计模式下使用选择工具点击画板名称，将其选中，再点击属性检查器中的"响应式调整大小"按钮，如图3-19所示，即可打开该功能。

3. 响应式调整大小功能演示

创建两个相同大小的画板，并用不一样的名称命名，如图3-20所示。

在未开启响应式调整大小功能的时候，调整iPad画板的分辨率为768×1024，查看页面在不同设备（即不同分辨率）下的显示情况，如图3-21所示。

图 3-19 属性检查器中的"响应式调整大小"按钮

图 3-20 两个相同大小的画板

图 3-21 未开启响应式调整大小功能时改变 iPad 画板的分辨率

把分辨率调回初始值，选中 iPad 画板，开启响应式调整大小功能，调整 iPad 画板的分辨率为 768×1024，查看页面在不同设备（即不同分辨率）下的显示情况，如图 3-22 所示。

4. 十字准线

在开启响应式调整大小功能后，调整对象的大小时，正在被调整大小的对象上会出现粉色十字准线，这些十字准线指示应用于组的约束规则，如图 3-23 所示。这相当于 Adobe XD 提供了一种可视化的上下文方法，用于使用户了解响应式调整大小功能和手动约束如何协同工作。

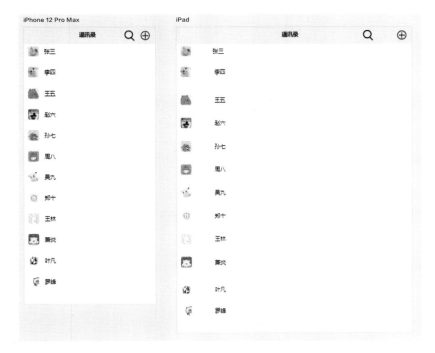

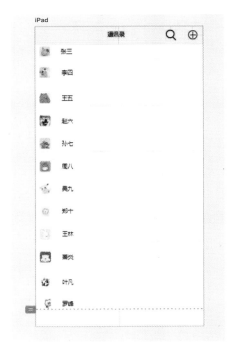

图 3-22 开启响应式调整大小功能时改变 iPad 画板的分辨率

图 3-23 调整时出现的十字准线

5. 对象编组

在调整大小之前，可以将相似的对象编组以建立它们之间的联系。默认情况下，Adobe XD 将同一组的对象保留在一起，并允许通过已使用的组织机制建立层次结构，这样，在调整大小时，同一组的对象会保持在一起。

6. 设置约束规则

响应式调整大小功能有两个选项，一是"自动"，即自动使用约束来调整画板的大小；二是"手动"，允许用户设置属性检查器中可用的手动约束，如图 3-24 所示。如果对自动响应式调整大小的结果不满意，可以选择手动编辑约束规则明确在调整组件、画板或包含图层的组大小时对象的行为方式，以及对对象施加的约束。手动约束优先级始终高于自动约束。

图 3-24　手动约束

手动约束的选项有以下六种：

（1）固定 / 可变宽度；

（2）固定 / 可变高度；

（3）固定 / 可变左侧；

（4）固定 / 可变右侧；

（5）固定 / 可变顶部；

（6）固定 / 可变底部。

可以对一组对象设置约束，如图 3-25 所示；也可以对单个对象设置约束，如图 3-26 所示。

图 3-25　对一组对象设置约束

图 3-26　对单个对象设置约束

三、学习任务小结

通过本次课的学习，同学们已经初步掌握了 Adobe XD 中的响应式调整大小功能的使用方法，也明白了响应式设计的作用。课后，大家要反复练习本次课所学技能，提高对响应式设计的操作熟练程度。

四、课后作业

用响应式调整大小功能制作微信的手机客户端和 PC 客户端上的通讯录页面。

学习任务 三 资源库

教学目标

（1）专业能力：掌握添加、应用、编辑、管理和组织资源的方法。

（2）社会能力：通过课堂交流和实践练习，提升交流和动手能力。

（3）方法能力：信息和资料收集能力，软件应用能力。

学习目标

（1）知识目标：掌握资源库的使用方法。

（2）技能目标：能运用 Adobe XD 对资源库进行管理。

（3）素质目标：理论联系实际，将所学知识转化为动手能力和应用能力。

教学建议

1. 教师活动

讲解 Adobe XD 资源库的使用方法和使用场景，并指导学生进行实训。

2. 学生活动

认真聆听教师讲解 Adobe XD 资源库的使用方法和使用场景，并在教师的指导下进行实训。

一、学习问题导入

各位同学，大家好！在制作设计图时，经常会遇到元素颜色或字符样式相同的情况。如果对每一个元素都单独设置，会极大地影响工作效率。遇到这种情况有什么比较好的提高效率的方法呢？这就是我们接下来要学习的内容——Adobe XD 资源库。

二、学习任务讲解

1. 打开资源库

在 Adobe XD 中，可以使用资源库保存、管理资源，包括颜色、字符样式、组件等。把资源保存在资源库中能在设计的时候节省大量时间。点击工具栏中的"库"按钮，或按"Ctrl + Shift + Y"即可打开资源库，如图 3-27 所示，默认情况下资源库是空的，点击"文档资源"按钮后，可以看到颜色、字符样式、组件、视频四栏。

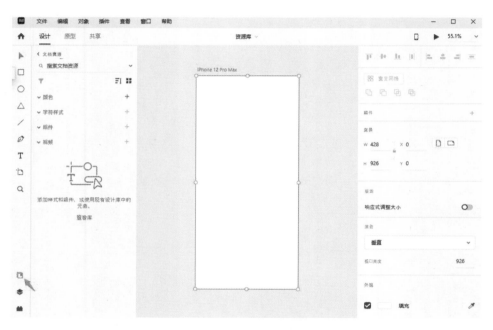

图 3-27　Adobe XD 中的资源库

2. 添加文档资源

（1）添加颜色。

在画板上制作好设计图后，选择一个对象，然后单击文档资源面板中颜色栏的"+"按钮，如图 3-28 所示。点击"+"以后，Adobe XD 会提取与所选对象关联的填充颜色和边框颜色，如图 3-29 所示。

（2）添加字符样式。

选择画板上的文本，然后单击文档资源面板中字符样式栏的"+"，如图 3-30 所示，Adobe XD 会提取与所选文本关联的所有字符样式，如图 3-31 所示。

（3）添加组件。

在画板上选择一个对象，或按住 Shift 键再选择多个对象，如图 3-32 所示，然后单击文档资源面板中组件栏的"+"，即可将所选对象转换为组件，并添加到文档资源中，如图 3-33 所示。

图 3-28　颜色栏

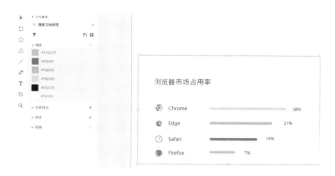

图 3-29　添加颜色

图 3-30　字符样式栏

图 3-31　添加字符样式

图 3-32　组件栏

图 3-33　添加组件

（4）添加视频。

在画板上选择一个视频，然后单击文档资源面板中视频栏的"+"，如图 3-34 所示，即可将该视频添加到文档资源中，如图 3-35 所示。

图 3-34　视频栏　　　　　　　　　　　　　　　　　图 3-35　添加视频

3. 应用文档资源

（1）应用颜色。

选择几个对象，然后单击文档资源面板中的某个颜色，即可将几个对象设置成一样的颜色，如图 3-36 所示。

（2）应用字符样式。

选择一个有文本的图层或几个文本，然后单击文档资源面板中的某个字符样式，即可将所选文本设置成一样的样式，如图 3-37 所示。

（3）应用组件。

直接将组件从文档资源面板中拖到画板上即可，如图 3-38 所示。

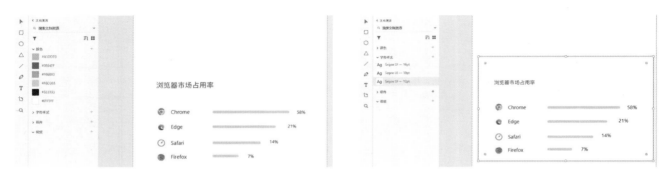

图 3-36　应用颜色　　　　　　　　　　　　　　图 3-37　应用字符样式

图 3-38　应用组件

4. 编辑文档资源

（1）突出显示。

鼠标右键单击文档资源面板中的某个资源，在弹出的右键菜单中选择"在画布上突出显示"选项，如图 3-39 所示。这时画布中的所有应用该资源的对象都会高亮显示，方便快速查找资源，如图 3-40 所示。

在画板中选择对象后，鼠标右键单击对象，弹出的右键菜单中包含"显示资源中的组件""显示资源中的颜色""显示资源中的字符样式"三个选项，如图 3-41 所示。

显示资源中的颜色：所选对象的颜色会在文档资源面板中高亮显示，如图 3-42 所示。

显示资源中的字符样式：所选对象的字符样式会在文档资源面板中高亮显示，如图 3-43 所示。

显示资源中的组件：所选对象中的组件会在文档资源面板中高亮显示，如图 3-44 所示。

图 3-39　文档资源面板中的"在画布上突出显示"选项　　　　　图 3-40　突出显示的对象

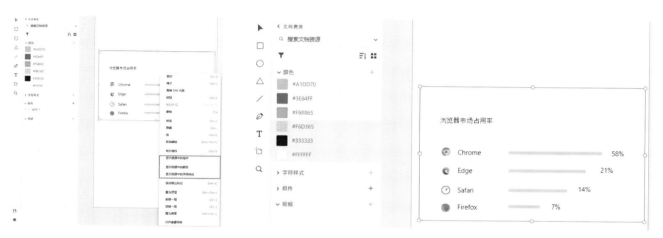

图 3-41　所选对象的右键菜单　　　　　图 3-42　显示资源中的颜色

图 3-43　显示资源中的字符样式　　　　　图 3-44　显示资源中的组件

（2）编辑颜色。

　　右键单击文档资源面板中的颜色，选择"编辑"，如图 3-45 所示，修改颜色值，修改后所有应用该颜色的对象颜色都会跟着变化，如图 3-46 所示。

（3）编辑字符样式。

　　右键单击文档资源面板中的字符样式，选择"编辑"，如图 3-47 所示，修改该字符样式，修改后所有应用该字符样式的文本的字符样式都会跟着变化，如图 3-48 所示。

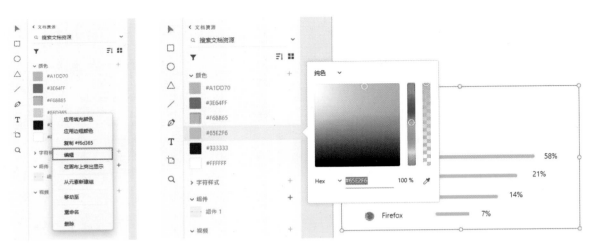

图 3-45 编辑颜色　　　　　　图 3-46 修改颜色后应用该颜色的对象颜色的变化

图 3-47 编辑字符样式　　　　图 3-48 修改字符样式后应用该字符样式的文本的变化

（4）编辑组件。

　　右键单击文档资源面板中的组件，选择"编辑主组件"，如图 3-49 所示。选择后会突出显示画布中的该主组件，如图 3-50 所示。然后修改该主组件，修改后应用该主组件的实例也会有变化，如图 3-51 所示。

图 3-49 编辑主组件　　　　　图 3-50 该主组件在画布中突出显示

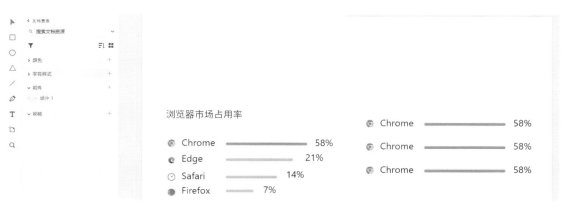

图 3-51　修改该主组件后应用该主组件的实例的变化

5. 管理和组织文档资源

（1）查看和排序资源。

文档资源面板右上角有一个排序功能按钮和一个视图切换功能按钮，如图 3-52 所示。

点击视图切换功能按钮可以切换两种模式的视图，分别是网格视图和列表视图。网格视图只显示资源缩略图，用于直观地查看资源，如图 3-53 所示。列表视图显示资源缩略图及名称，用于查看所有资源的名称并对其进行排序，如图 3-54 所示。

排序功能可以按名称顺序或者自定义顺序排列资源，如图 3-55 所示。

（2）搜索和筛选资源。

使用搜索框来搜索资源如图 3-56 所示。按类型或来源筛选资源如图 3-57 所示。

图 3-52　排序功能按钮和视图切换功能按钮

图 3-53　网格视图

图 3-54　列表视图

图 3-55　排序功能

图 3-56　搜索资源

图 3-57　筛选资源

（3）显示资源详细信息。

将鼠标指针悬停在资源缩略图上可显示该资源详细信息，具体如下。

① 颜色详细信息：显示十六进制值或自定义名称等，如图 3-58 所示。

② 字符样式详细信息：显示行间距等属性，如图 3-59 所示。

③ 组件详细信息：显示该组件的实例数，如图 3-60 所示。

图 3-58　颜色详细信息　　　图 3-59　字符样式详细信息　　　图 3-60　组件详细信息

（4）重新排列、重命名和删除资源。

在列表视图中，拖动资源可重新排列，如图 3-61 所示。右键单击资源，选择"重命名"，可重命名资源，如图 3-62 所示。

右键单击资源并选择"删除"，可从文档资源面板中删除资源，如图 3-63 所示。

  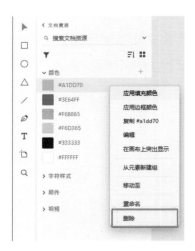

图 3-61　重新排列资源　　　图 3-62　重命名资源　　　图 3-63　删除资源

三、学习任务小结

通过本次课的学习，同学们掌握了颜色、字符样式和组件等资源的基本理论知识，同时基本掌握了 Adobe XD 资源库的使用方法。课后，大家要针对本次课所学知识点进行实训练习，熟悉相关操作技巧。

四、课后作业

根据学习任务进行练习，并在练习过程中使用资源库去修改画板中的对象。

学习任务 四 常用插件

教学目标

（1）专业能力：掌握安装插件的方法，能使用常用插件。

（2）社会能力：通过课堂交流和实践练习，提升交流和动手能力。

（3）方法能力：信息和资料收集能力，设计案例分析、提炼及应用能力。

学习目标

（1）知识目标：了解常用插件的类型，以及安装插件的方法。

（2）技能目标：掌握查找、安装和卸载插件的方法，学会使用常见的插件。

（3）素质目标：理论联系实际，将所学知识转化为动手能力和应用能力。

教学建议

1. 教师活动

讲解常用插件的类型，示范插件的查找、安装和卸载方法，并指导学生进行实训。

2. 学生活动

聆听教师讲解常用插件的类型，观看教师示范插件的查找、安装和卸载方法，并在教师的指导下进行实训。

一、学习问题导入

各位同学，大家好！在平时制作设计图的过程中，我们会遇到很多繁杂的重复性的工作，Adobe XD 给用户提供了很多提高工作效率的插件，使用插件能极大地提高工作效率。Adobe XD 的用户越来越多，插件也越来越多、越来越完善。

二、学习任务讲解

1. 查找和安装插件

点击左侧工具栏中的"插件"按钮，再依次点击"发现插件""所有插件"，即可查找插件，如图3-64和图3-65所示。

点击"获取"，即可安装插件。现在我们安装一款叫作"UI Faces"的自动填充头像插件，如图3-66所示。

插件安装成功后，会弹出一个安装成功提示框，如图3-67所示。

图 3-64 "插件"和"发现插件"按钮　　　　　　　　　　图 3-65 所有插件

图 3-66 安装插件　　　　　　　　　　图 3-67 插件安装成功提示框

2. 管理插件

插件安装成功后，点击窗口左侧的"管理插件"，可以看到所有已安装的插件，单击插件右下方的三个点的按钮，可以选择禁用或者卸载该插件，如图 3-68 所示。

图 3-68　禁用和卸载插件

3. 创建插件

如果想创建插件，则执行"插件 - 开发 - 创建插件"命令，如图 3-69 所示。此时默认浏览器会打开 Adobe I/O 开发控制台，其中可以查看并了解创建插件所需的信息，如图 3-70 所示。

图 3-69　创建插件

图 3-70　Adobe I/O 开发控制台

4. 使用插件

插件安装完成后，在设计面板的插件栏能看到安装好的插件，如图 3-71 所示。

首先，在画板上创建一个 60×60 的正方形，如图 3-72 所示。然后，使用重复网格功能，制作 11 个相同的正方形，如图 3-73 所示。制作好后点击"取消网格编组"。

选中 11 个正方形作为头像框，然后点击工具栏中的"插件"按钮，打开插件列表。选择 UI Faces 插件，打开 UI Faces 对话框，其中可以设置图片来源、年龄、性别、图片大小等条件，如图 3-74 所示。

将年龄设置为 18 ~ 20，其他条件不设置，点击"Select Photos"，如图 3-75 所示。

查看照片，如图 3-76 所示，从中选择 11 个。

图 3-71 插件栏显示安装好的插件

图 3-72 创建一个正方形

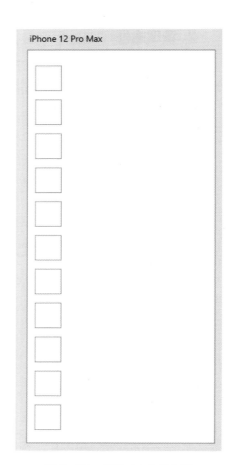

图 3-73 制作 11 个正方形

图 3-74 打开 UI Faces 对话框

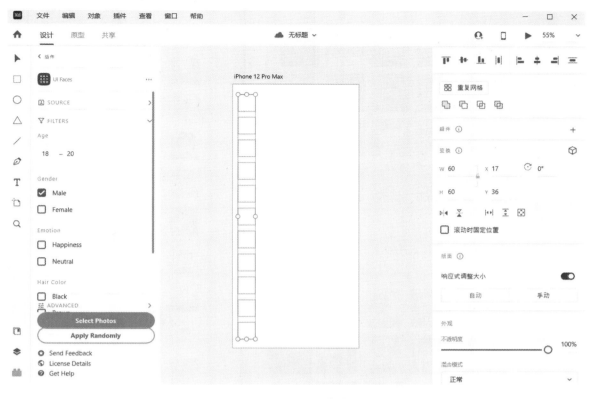

图 3-75　设置条件

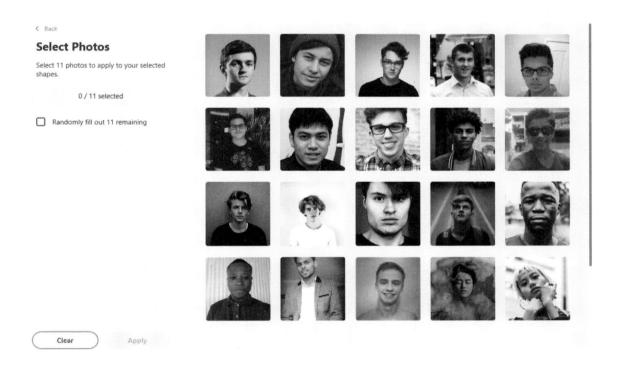

图 3-76　查看照片

选择完成以后，点击"Apply"即可把照片添加到头像框中，如图 3-77 所示。

如果不想手动选择，可以勾选"Randomly fill out 11 remaining"，则系统会随机选择 11 张照片，如图 3-78 所示。

把照片添加到头像框中的效果如图 3-79 所示。

图 3-77　手动选择照片

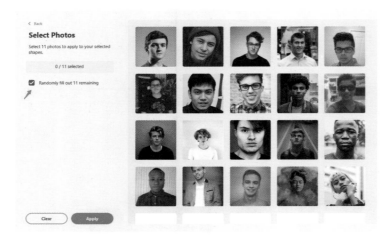

图 3-78　随机选择照片

图 3-79　把照片添加到头像框中的效果

三、学习任务小结

　　通过本次课的学习，同学们学会了 Adobe XD 插件的查找、安装、管理和创建方法，掌握了 UI Faces 插件的使用方法。

四、课后作业

　　找两个常用的插件进行学习，然后写一篇学习笔记。

项目四

使用 Adobe XD 完成电脑端网页设计与制作实训

学习任务一　　电脑端网页低保真原型设计与制作实训

学习任务二　　电脑端网页按钮设计与制作实训

学习任务三　　电脑端网页高保真原型设计与制作实训

学习任务四　　电脑端网页原型展示样机制作实训

项目四素材

电脑端网页低保真原型设计与制作实训

教学目标

（1）专业能力：通过对指定电脑端网页低保真原型的设计与制作，掌握原型设计的基本步骤与方法。

（2）社会能力：了解电脑端网页低保真原型设计与制作的内容、技巧。

（3）方法能力：资料收集能力、归纳总结能力。

学习目标

（1）知识目标：掌握电脑端网页低保真原型设计的基本步骤与方法。

（2）技能目标：能按照要求设计与制作指定电脑端网页原型。

（3）素质目标：提高归纳总结能力，能够根据产品需求提出合适的原型设计方案。

教学建议

1. 教师活动

（1）课前收集各种电脑端网页原型的图片和视频等资料，运用多媒体课件、教学视频等多种教学手段，提高学生对电脑端网页低保真原型的直观认识。

（2）用 Adobe XD 示范指定电脑端网页低保真原型设计与制作步骤。

（3）拟定题目，指导学生进行课堂实训。

2. 学生活动

（1）课前准备学习资料，在教师的指导下进行原型设计与制作练习。

（2）课后查阅大量优秀的原型资料，并形成资源库。

一、学习问题导入

各位同学，大家好！通过之前的学习，相信同学们对 Adobe XD 的基础知识有了初步的了解，但学习软件不只需要学习基础知识，还需要实践练习，不断磨炼自己的技术，才能融会贯通。本次课通过模拟一个商业的项目案例来讲解电脑端网页低保真原型设计与制作方法。

二、学习任务讲解

1. 原型类型

原型是指 UI 设计过程中让人能够提前观看或体验产品的图纸。它可以很好地在项目前期表达出设计人员对产品的视觉概念，提供一种较为有效的沟通方式，也是很好的设计思路展现形式。每个项目对原型的需求都不相同，相关人员交流时也有可能会将线框图（wireframe）、原型（prototype）和视觉稿（mockup）混淆，因此设计前最好先与产品经理或甲方确认要绘制的原型类型。

总体来说，原型的设计过程就是从低保真到高保真的一个过程，因此原型主要分为低保真原型和高保真原型，如图 4-1 所示。UI 设计各阶段的原型如图 4-2 所示。

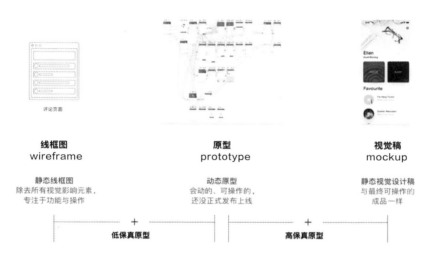

图 4-1　原型类型

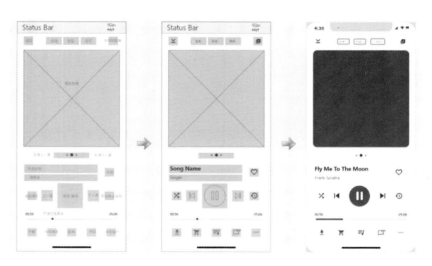

图 4-2　UI 设计各阶段的原型

（1）低保真原型：也叫线框图，在大型企业中由产品经理制作，是给 UI 设计师以及开发人员看的原型，其中的文字描述比较多，要列明所有的状态以及页面跳转关系，如图 4-3 所示。UI 设计师要能看懂并熟悉低保真原型，同时要具备绘制低保真原型的能力。低保真原型可以让设计师在初期就对网站有一个清晰明了的认知，能够激发设计师的想象力，使其在创作的过程中有更多的发挥空间；并且能够给开发人员提供一个清晰的架构，让他们知道需要编写的功能以及页面的跳转关系。

（2）高保真原型：交互设计师或者 UI 设计师做出来的原型，如图 4-4 所示。设计师基于对 app 界面低保真原型框架的初步构想，严格按照设计规范设定元素间距，并且合理布局元素位置，做出来的高保真原型比较接近高保真设计稿。高保真原型一般使用 Adobe XD 或 Adobe Illustrator 等设计软件制作。

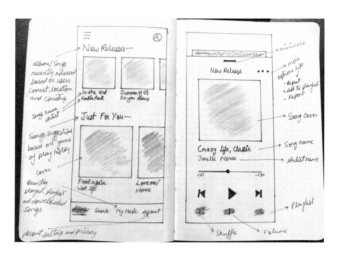

图 4-3　低保真原型

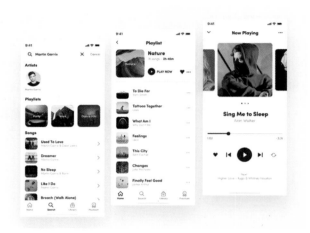

图 4-4　高保真原型

2. 低保真原型设计与制作

（1）低保真原型设计。

本次原型设计以有多快送网站的首页为设计对象，该首页分为以下七部分的内容。

第一部分是导航区。首页中的导航区主要作用是方便用户浏览及快速查找所需的信息，所以通常将导航区设计在首页的顶部。根据有多快送网站的定位，将其导航区分为以下内容。

① 定位区：包含一个信息输入框。用户通过系统定位或手动选择城市后，能快速跳转到相应城市业务区块页面。

② 主导航菜单区：有"首页""在线下单""商家版""企业版""开放平台""商务合作"和"人才招聘"菜单。用户在选择某个主导航菜单后，该菜单会显示为与其他菜单不同的颜色，使用户明确当前菜单。

③ 登录区：主要包含"注册"与"登录"两个选项。应突出"登录"选项，选项应结合按钮设计，更直观引导用户点击。

第二部分是 banner。banner 是首页界面最吸引眼球的部分，往往也是首页界面中面积占比最大的部分，主要用来推广主打产品或活动。

第三部分是服务介绍区。该区重点介绍紧急递送证件、钥匙、手机、电脑、母婴、汽配以及挂号、取药等特色服务，可配以直观的图标进行视觉引导。配送价目表因价目信息繁杂，且后台会不定期更新实时价目信息，所以首页只设计可跳转到专属页面查阅详细价目信息的按钮。

第四部分是公司介绍区，主要介绍公司服务规模及各城市网点铺建等信息，配以城市图片，更直观介绍公司情况。

第五部分是人员招募区，尽可能简洁有效地展示与介绍闪送员职业优势与福利，并设计"加入"按钮链接接招聘详情页面。

第六部分是合作伙伴区，展示公司战略合作伙伴平台，体现公司规模与品质。

第七部分为页尾区。主要包括公司联系方式、产品告示和相关法律法规等内容。

（2）低保真原型制作。

根据规划的首页原型的内容，使用 Adobe XD 将首页低保真原型制作出来，如图 4-5 所示。再对其进行细化，如图 4-6 所示。

图 4-5　首页低保真原型细化前　　　　图 4-6　首页低保真原型细化后

三、学习任务小结

通过本次课的学习，同学们已经初步了解了低保真原型的设计与制作方法。原型的设计须紧扣用户体验进行，因此同学们可以多了解用户体验方面的内容。课后，同学们可以尝试根据网站信息框架设计其他页面的低保真原型。

四、课后作业

（1）收集优秀的各品类原型设计项目，对其原型设计与用户体验进行分析。

（2）根据有多快送网站的产品信息框架，使用 Adobe XD 设计与制作产品的低保真原型，以方便完成后续方案设计。

学习任务 二

电脑端网页按钮设计与制作实训

教学目标

（1）专业能力：能根据低保真原型与视觉设计要求完成按钮设计与制作，掌握使用 Adobe XD 进行按钮设计与制作的基本步骤与方法。

（2）社会能力：了解电脑端网页按钮设计与制作的内容与技巧。

（3）方法能力：资料收集能力、归纳总结能力。

学习目标

（1）知识目标：掌握电脑端网页按钮设计与制作的基本步骤与方法。

（2）技能目标：能按照要求设计与制作指定电脑端网页按钮。

（3）素质目标：提高归纳总结能力，能够根据产品需求提出合适的界面功能设计方案。

教学建议

1. 教师活动

（1）课前收集各种电脑端网页按钮的图片和视频等资料，运用多媒体课件、教学视频等多种教学手段，提高学生对电脑端网页按钮的直观认识。

（2）用 Adobe XD 示范指定电脑端网页按钮设计与制作步骤。

（3）拟定题目，指导学生进行课堂实训。

2. 学生活动

（1）课前准备学习资料，在教师的指导下进行按钮设计与制作练习。

（2）课后查阅大量优秀的电脑端网页按钮资料，并形成资源库。

一、学习问题导入

各位同学，大家好！今天我们一起来学习使用 Adobe XD 设计与制作按钮的方法。通过上次课的学习，我们完成了低保真原型的设计与制作，在首页设计了几个按钮。本次课通过实操讲解如何使用组件功能，快速完成按钮的设计与制作。

二、学习任务讲解

1. 按钮的作用

按钮作为连接用户与产品的交互触点，在 UI 设计中扮演了至关重要的角色，一个优秀的按钮可以有效地提升交互体验，引导用户，提升产品转化率，如图 4-7 所示。按钮传达给用户的是直接的可执行的操作，它们通常存在于整个 UI 体系当中，包括对话框、窗口及工具栏中。按下或点击按钮是人机交互的主要动作。

图 4-7　按钮

2. 按钮的优先级

按钮的优先级可划分为三个层级，如图 4-8 所示。

（1）具备高度强调作用的填充按钮。页面中应至少包含一个突出的按钮，以使其他按钮的重要性降低。填充按钮可吸引更多的视觉关注，如图 4-9 所示。但尽量避免设计两个并列的填充按钮。

图 4-8　按钮的优先级　　　　　　　　　　图 4-9　填充按钮

（2）具备中度强调作用的轮廓按钮。页面中并列显示多个按钮时，通常将填充按钮与执行次要命令的轮廓按钮配合使用，即在填充按钮旁边放置一个轮廓按钮，如图 4-10 所示。

（3）具备低度强调作用的文本按钮。文本按钮通常嵌在组件中，如卡片和对话框等，以使其自身与其他组件相关联，如图 4-11 所示。文本按钮间可以通过粗细、颜色进行优先级区分，如图 4-12 和图 4-13 所示。

取消　　　　　　　确定　　　　　　　　　　　取消　　　　　　　　确定

图 4-10　轮廓按钮　　　　　　　　　　　　图 4-11　文本按钮

取消　　　　　　　确定　　　　　　　　　　取消　　　　　　　　确定

图 4-12　文本按钮间通过粗细进行优先级区分　　　图 4-13　文本按钮间通过颜色进行优先级区分

3. 使用 Adobe XD 进行按钮设计与制作的步骤

Adobe XD 中的组件功能具有无与伦比的灵活性，可帮助用户创建和修改相似元素，同时针对不同的上下文和布局更改实例，特别适用于设计与制作不同的上下文中的按钮，如图 4-14 所示。

（1）打开 Adobe XD，点击左上角"菜单"按钮，再点击"新建"，或按快捷键"Ctrl+N"，如图 4-15 所示。进入启动界面，选择"Web 1920"预设画板，如图 4-16 所示。

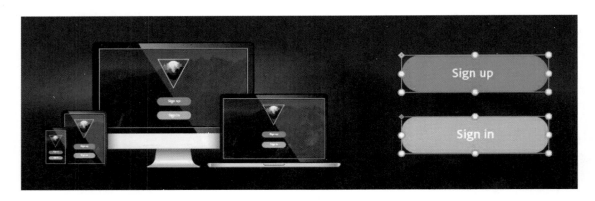

图 4-14　用组件功能设计、制作的按钮

图 4-15　新建文件

图 4-16　选择预设画板

（2）使用左侧工具栏中的矩形工具在画板中绘制一个 W 为 "158"、H 为 "68" 的矩形，如图 4-17 和图 4-18 所示。

（3）点击右侧属性检查器中的 "填充"，设置 Hex 值为 "#909090"，如图 4-19 所示。再点击 "边界"，设置 Hex 值为 "#707070"，如图 4-20 所示。

设置圆角半径为 "15"，设置描边宽度为 "4"，得到圆角矩形，如图 4-21 所示。

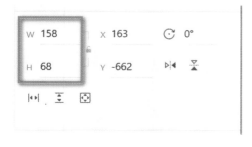

图 4-17　设置矩形尺寸

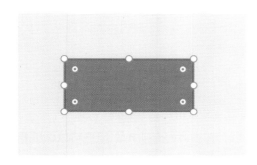

图 4-18　绘制矩形

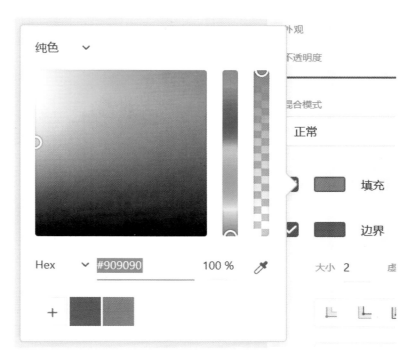

图 4-19　填充颜色设置

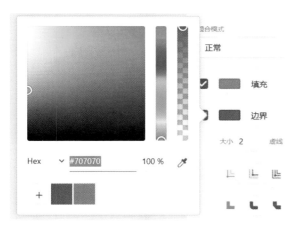

图 4-20　边界颜色设置

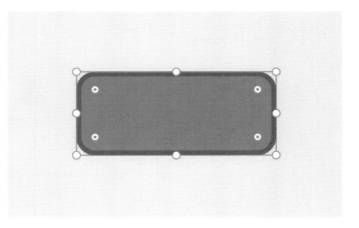

图 4-21　圆角矩形

（4）点击左侧工具栏中的文本工具，在画板中输入 "按钮"。在右侧属性检查器中，设置字体为 "思源黑体 CN"，字号为 "32"，字体粗细为 "Bold"，文字对齐方式为 "居中"，字符间距为 "50"，填充颜色为 "白色"（其 Hex 值为 "#FFFFFF"），如图 4-22 所示。调整后文本效果如图 4-23 所示。

（5）按住 Shift 键单击（或框选）选中文本与圆角矩形，在属性检查器上方设置这两个元素对齐方式为 "垂直居中对齐" 与 "水平居中对齐"，如图 4-24 所示。调整后效果如图 4-25 所示。

图 4-22　文本属性设置　　　　　　　　图 4-23　调整后文本效果

图 4-24　两个元素对齐方式设置　　　　图 4-25　调整后效果

（6）接下来创建组件，有以下三种方法。

① 单击右侧属性检查器的组件面板中的"+"，如图 4-26 所示。

② 在左侧工具栏下方资源面板的组件栏中单击"+"，如图 4-27 所示。

③ 右键单击对象并选择"制作组件"（快捷键为"Ctrl+K"），如图 4-28 所示。

第一次创建的组件将成为主组件，主组件框的左上角为绿色实心菱形，如图 4-29 所示。用户可以像编辑任何其他元素一样编辑主组件。

图 4-26　在属性检查器中创建　　　　　图 4-27　在资源面板中创建

图 4-28　在右键菜单中创建　　　　　　图 4-29　主组件

（7）创建主组件之后，可以通过复制与修改主组件，统一管理相似元素。主组件的每个副本都称为实例。实例框的左上角为绿色空心菱形。对主组件进行修改后，系统会对所有实例应用相同的变更。修改过的实例框的左上角为中心有绿点的绿色空心菱形。主组件、实例与修改过的实例如图 4-30 所示。

图 4-30　主组件、实例与修改过的实例

（8）复制按钮主组件以创建实例，双击实例对其进行修改。将圆角矩形的圆角半径设置为"34"，使用文字工具修改文字为"登录"，即完成"登录"按钮的制作，如图 4-31 所示。

（9）再创建一个实例，将圆角矩形拉长，不修改圆角半径，使用文字工具修改文字为"马上下单"，即完成"马上下单"按钮的制作，如图 4-32 所示。

（10）逐个制作"下载客户端""查看配送价格表""加入我们"按钮，打开"素材\项目四\网站图标.eps"，选择安卓、苹果、箭头的图标，并调节大小，放置在按钮中合适的位置。所有按钮完成效果如图 4-33 所示。

（11）将制作好的各按钮按网页布局分别放置到相应位置，效果如图 4-34 所示。

图 4-31　"登录"按钮　　图 4-32　"马上下单"按钮

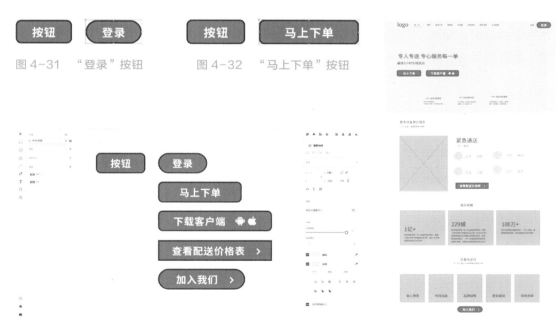

图 4-33　所有按钮完成效果　　图 4-34　各按钮应用在网页中的效果

4. 组件的使用技巧

Adobe XD 中，对主组件所做的任何修改都会自动应用于对应实例。当设计好各主组件后，可以在设计流程的任何阶段通过编辑主组件来统一修改同一主组件对应的所有实例，效果如图 4-35 所示。

对比 PS 和 AI，Adobe XD 提供了高效的工作环境。

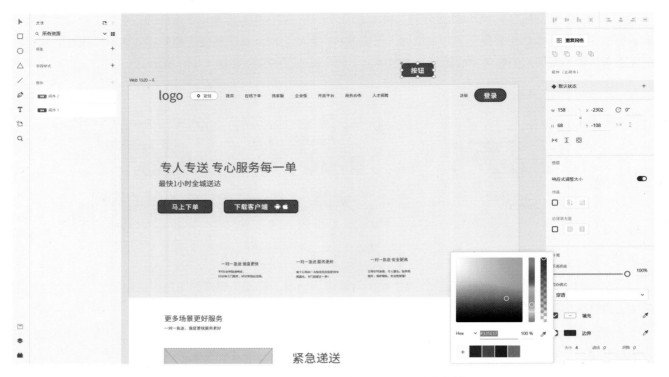

图 4-35 对主组件的修改会自动应用于对应实例

三、学习任务小结

通过本次课的学习，同学们已经初步了解了用 Adobe XD 设计与制作按钮的方法，也知道了如何通过组件功能快速、批量地完成按钮制作与修改。

四、课后作业

（1）收集优秀的各品类 UI 设计项目，对其按钮设计与交互功能进行分析。

（2）根据现有的有多快送网站首页的低保真原型，使用 Adobe XD 设计与制作其他页面的按钮，以方便完成后续方案设计。

学习任务

三 电脑端网页高保真原型设计与制作实训

教学目标

（1）专业能力：能根据低保真原型与视觉设计要求完成高保真原型设计与制作，掌握界面视觉设计的基本步骤与方法。

（2）社会能力：了解快送行业视觉设计的内容，掌握快送行业视觉设计的风格。

（3）方法能力：资料收集能力、归纳总结能力。

学习目标

（1）知识目标：掌握高保真原型设计与制作的基本步骤与方法。

（2）技能目标：能完成指定高保真原型设计与制作。

（3）素质目标：提高归纳总结能力，能够根据产品需求提出合适的界面视觉设计方案。

教学建议

1. 教师活动

（1）课前收集各种电脑端网页高保真原型的图片和视频等资料，运用多媒体课件、教学视频等多种教学手段，提高学生对高保真原型的直观认识。

（2）用 Adobe XD 示范指定电脑端网页高保真原型设计与制作步骤。

（3）拟定题目，指导学生进行课堂实训。

2. 学生活动

（1）课前准备学习资料，在教师的指导下进行高保真原型设计与制作练习。

（2）课后查阅大量优秀的高保真原型资料，并形成资源库。

一、学习问题导入

各位同学，大家好！今天我们继续设计有多快送网站首页的高保真原型。高保真原型具有与低保真原型相同的信息框架。但高保真原型展示更多的细节和页面跳转关系，细节更深入细致，尽可能接近网页最终的样式，包括网页中的所有内容，例如颜色、渐变、阴影、图形以及版式等，如图 4-36 所示。

图 4-36　高保真原型

二、学习任务讲解

1. 案例分析

快送行业网站首页主要营造快捷、方便、安全的氛围，用户主要分为想要使用快送服务的用户、想要进行商务合作的客户、想要加入快送行业的人员。因此，在设计首页界面时以快速引导功能为主，各个功能区要清晰明了、有引导性，能让具有不同需求的人员快速找到入口。

2. 色彩设计

分析行业属性与目标用户，本案例高保真原型色彩设计有如下两套方案，如图 4-37 所示。

图 4-37　色彩设计

（1）方案一（Plan A）：以浅蓝色作为主色调，突出活力和自信，配以黄色和棕黄色为辅助色。

（2）方案二（Plan B）：以浅绿色作为主色调，突出活力和成长，配以青绿色和青黑色为辅助色。

3. 高保真原型设计与制作

步骤一：打开"素材\项目四\插图"，挑选图片，使用移动工具调整图片的位置和大小，突出 banner 中的广告语与图片中的人物，将 banner 的背景颜色 Hex 值设置为"#71D8FF"，如图 4-38 所示。

步骤二：制作按钮，设置其填充颜色 Hex 值为"#FCB800"，边界颜色 Hex 值为"#7F6A01"，如图 4-39 所示。

图 4-38　步骤一完成效果

图 4-39　步骤二完成效果

步骤三：使用矩形工具绘制一个 W 为"330"、H 为"280"的矩形；在属性检查器中设置圆角半径为"75"；勾选"填充"，设置填充颜色 Hex 值为"#FFFFFF"；"边界"选项不勾选；勾选"阴影"，设置 X 为"0"、Y 为"5"、B 为"8"。参数设置如图 4-40 所示，完成效果如图 4-41 所示。

步骤四：使用文字工具在圆角矩形中输入如图 4-42 所示的文字，再使用对齐工具将各组文字水平居中对齐，如图 4-43 所示。

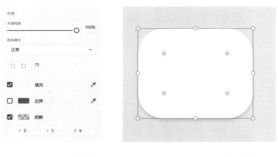

图 4-40　圆角矩形参数设置

图 4-41　步骤三完成效果

图 4-42　各组文字参数设置

图 4-43　将各组文字水平居中对齐

步骤五：打开"素材\项目四\网站图标 .eps"，导入图标素材，调节大小，放置在合适的位置；选中所有元素，将其合并成组（快捷键是"Ctrl+G"），效果如图 4-44 所示。

步骤六：在属性检查器中点击"重复网格"按钮，如图 4-45 所示；蓝色边框变为绿色，如图 4-46 所示；按住边框的拖动按钮再拖动鼠标就可快速复制元素，在元素的空隙中拖动鼠标，即可快速调整元素间距，如图 4-47 和图 4-48 所示。

步骤七：通过重复网格功能复制出来的各卡片元素是可以独立编辑的，用鼠标左键双击，即可按项目需求更改文字与图标，然后将其放置在首页的相应位置上，效果如图 4-49 所示。

图 4-44　合并成组

图 4-45　"重复网格"按钮

图 4-46　蓝色边框变为绿色

图 4-47　利用重复网格功能快速复制元素

图 4-48　利用重复网格功能调整元素间距

图 4-49　步骤七完成效果

步骤八：将服务介绍区主题文字大小设置为"60"，副标题文字大小设置为"36"，说明文字大小设置为"20"；打开"素材 \ 项目四 \ 网站图标 .eps"，导入图片素材，使用移动工具调整图片的位置和大小，如图 4-50 所示。

图 4-50　步骤八完成效果

步骤九：使用椭圆工具绘制一个 W 为"100"、H 为"100"的圆形；使用文字工具分别输入"证件""钥匙"，文字大小设置为"36"；在"证件""钥匙"中间使用直线工具绘制一条竖线（描边宽度设置为"1"）；将所有元素选中，合并成组（快捷键是"Ctrl+G"）。完成效果如图 4-51 所示。

步骤十：参照步骤六和步骤七，利用重复网格功能复制信息区块，如图 4-52 所示；按项目需求更改文字与图标；打开"素材 \ 项目四 \ 网站图标 .eps"，导入图标素材，调节大小，放置在合适的位置。完成效果如图 4-53 所示。

图 4-51　步骤九完成效果

图 4-52　复制信息区块

图 4-53　步骤十完成效果

步骤十一：参照步骤三和步骤四，新建一个包含文字的卡片，如图 4-54 所示；再参照步骤六和步骤七，利用重复网格功能复制卡片。

步骤十二：鼠标左键双击第一个卡片，打开"素材 \ 项目四 \ 插图"，选择三张图片拖入卡片内，系统会自动将三张图片分别导入三个卡片中，如图 4-55 和图 4-56 所示。

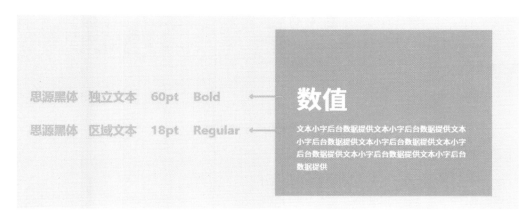

图 4-54 文字参数设置

图 4-55 将图片拖入卡片内

图 4-56 步骤十二完成效果

步骤十三：鼠标左键双击第一个卡片的文本框，打开"素材 \ 项目四 \ 规模数据 .txt"，将 txt 文件拖入文本框内，系统会自动将 txt 文件里的每段文字分别导入三个卡片的文本框中，如图 4-57 所示。

步骤十四：参照前面的步骤，制作人员招募区，效果如图 4-58 所示。

步骤十五：参照前面的步骤，制作合作伙伴区，利用重复网格功能制作 10 个矩形，如图 4-59 所示；打开"素材 \ 项目四 \ 合作品牌"，导入图片素材，如图 4-60 所示。完成效果如图 4-61 所示。

步骤十六：打开"素材 \ 项目四 \ 网站图标 .eps"，导入微博、微信图标素材，使用矩形工具和文字工具完成页尾区联系方式等信息的制作，效果如图 4-62 所示。

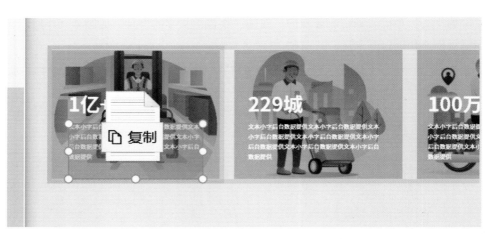

2022-01-21_19
4644.jpg

规模数据.txt

图 4-57　步骤十三完成效果

省心挣钱　　时间自由　　品牌保障　　更有成就　　奖励多样

图 4-58　步骤十四完成效果

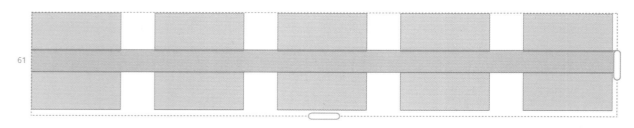

图 4-59　制作 10 个矩形

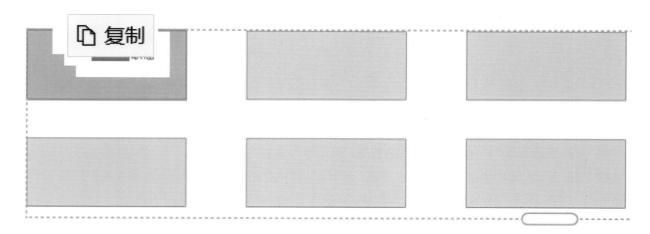

图 4-60　拖入相应的图片素材

图 4-61　步骤十五完成效果

图 4-62　页尾区

步骤十七：整体调整首页内容，完成方案一（Plan A），效果如图 4-63 所示。

步骤十八：修改资源面板（如图 4-64 所示）中的颜色、字符样式、组件，完成方案二（Plan B），效果如图 4-65 所示。

Plan A
对比色系

主色	辅助色1	辅助色2
#71D8FF	#FCB800	#7F6A01
主要文字	常规文字	次要文字
# 707070	# 909090	# D9D9D9

图 4-63　Plan A 整体效果

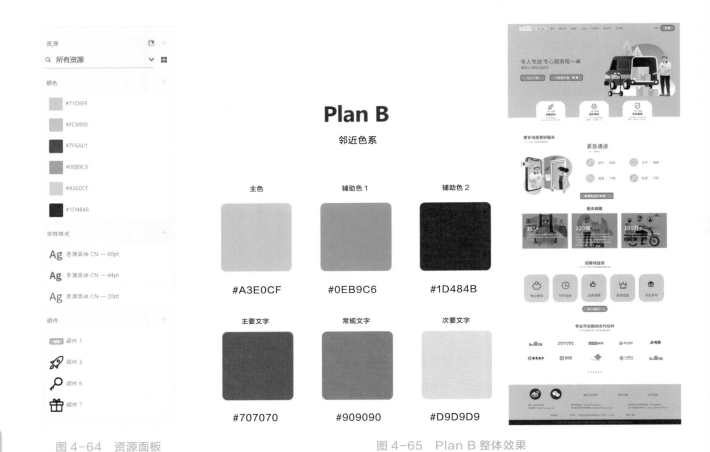

图 4-64　资源面板　　　　　　　　　　　　　图 4-65　Plan B 整体效果

三、学习任务小结

　　通过本次课的学习，同学们已经初步了解了高保真原型的设计与制作方法，也尝试了通过资源面板快速完成界面整体的视觉风格修改。

四、课后作业

　　（1）收集优秀的各品类界面设计项目，对其视觉风格与整体性进行分析。

　　（2）根据现有的有多快送网站首页的高保真原型，使用 Adobe XD 设计与制作其他页面的高保真原型，以方便完成后续方案展示。

学习任务 四

电脑端网页原型展示样机制作实训

教学目标

（1）专业能力：掌握制作原型展示样机的基本步骤与方法。

（2）社会能力：了解快送行业视觉设计的内容，掌握快送行业视觉设计的风格。

（3）方法能力：资料收集能力、归纳总结能力。

学习目标

（1）知识目标：掌握制作原型展示样机的基本步骤与方法。

（2）技能目标：能完成指定电脑端网页原型展示样机制作。

（3）素质目标：提高归纳总结能力，能够根据产品需求提出合适的原型展示方案。

教学建议

1. 教师活动

（1）课前收集各种原型展示样机的图片和视频等资料，运用多媒体课件、教学视频等多种教学手段，提高学生对原型展示样机的直观认识。

（2）示范指定电脑端网页原型展示样机的制作步骤。

（3）拟定题目，指导学生进行课堂实训。

2. 学生活动

（1）课前准备学习资料，在教师的指导下进行原型展示样机制作练习。

（2）课后查阅大量优秀的原型展示样机资料，并形成资源库。

一、学习问题导入

各位同学，大家好！今天我们一起来学习电脑端网页原型展示样机制作。当我们完成了高保真原型后，向设计主管或甲方提交设计方案时，优秀的原型展示样机往往能让方案的设计亮点更有效、直观地被展现。

二、学习任务讲解

1. 样机的优势

样机有利于更好地呈现设计方案，也能带给设计主管或甲方更好的印象。在进行原型展示的时候，样机的使用是比较频繁的，动态效果能够更好地辅助设计方案的呈现，带来更好的设计方案展示体验。今天我们就结合 Photoshop 的时间轴功能，制作具备动态效果的原型展示样机。

图 4-66　选中页面

2. 样机制作步骤

（1）先在 Adobe XD 中将已完成的设计方案导出。选中页面，如图 4-66 所示。点击左上角"菜单"按钮，选择"导出 – 所选内容"（快捷键为"Ctrl + E"），如图 4-67 所示。在弹出窗口中选择"PNG"格式，选择导出位置，点击"导出"按钮，如图 4-68 所示。

图 4-67　选择"导出 – 所选内容"

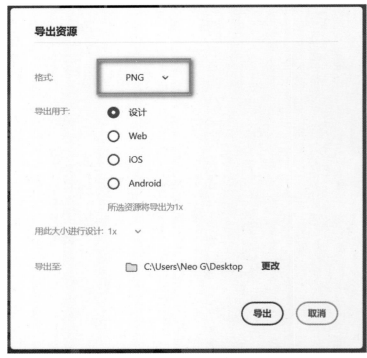

图 4-68　弹出窗口

（2）在 Adobe Photoshop 中打开"素材 \ 项目四 \ 样机 \ mockup-01.psd"，找到智能对象图层，如图 4-69 所示。

（3）双击智能对象图层的缩略图（图 4-70 中的箭头所示）；或鼠标右键点击图层，选择"编辑内容"或者"替换内容"，以打开智能对象图层，如图 4-70 所示。

（4）把从 Adobe XD 中导出的设计方案图片导入 Adobe Photoshop 中；使用移动工具调整图片的位置和大小，如图 4-71 所示。

图 4-69　打开样机素材

图 4-70　打开智能对象图层

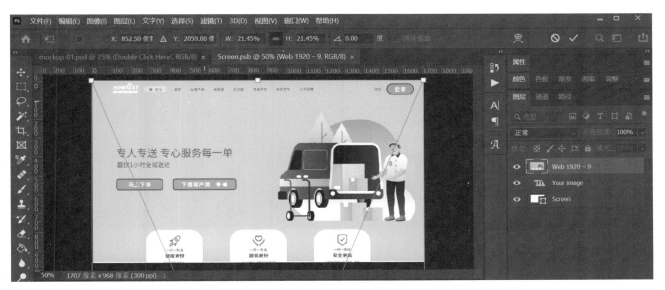

图 4-71　导入设计方案图片

（5）选择菜单栏中的"窗口 - 时间轴"，打开时间轴窗口，如图 4-72 所示。在时间轴窗口中点击"创建视频时间轴"，如图 4-73 所示。

（6）在想要变化的图层的时间轴上的开始与结束部分，点击变换栏中的计时器按钮，设置关键帧，如图 4-74 所示。设置开始帧的图片为第一屏，结束帧的图片为页面底部；这样，就完成了页面向下滚动的动态效果，如图 4-75 所示。

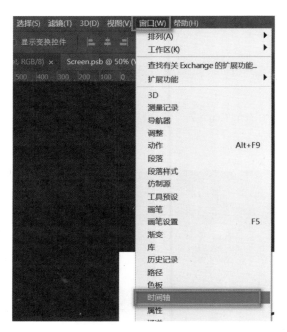

图 4-73　"创建视频时间轴"

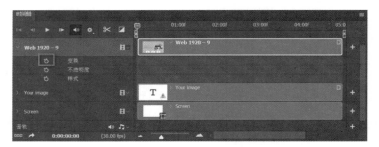

图 4-72　"窗口 - 时间轴"　　　　　　　　　　　图 4-74　设置关键帧

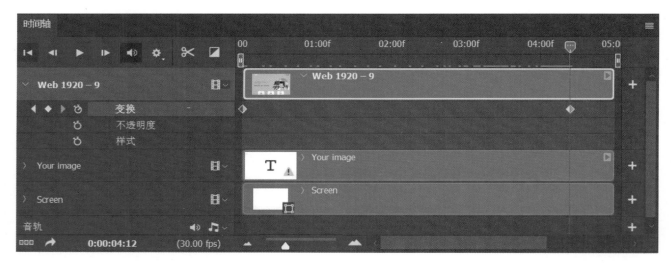

图 4-75　设置开始帧与结束帧

　　（7）通过调整时间轴的长度（拉长为减慢，缩短为加快）来调整视频播放时长，再通过时间轴右上方菜单的"设置时间轴帧速率"（如图 4-76 所示）来调整视频播放速率。在时间轴右侧再设置一个关键帧，将图片设置为第一屏，再选中"循环播放"（如图 4-77 所示），这样就完成了网页从顶部拉到底部再从底部翻回顶部的动态效果。点击"保存"（快捷键为"Ctrl+S"）。

　　（8）退回到样机素材文件，可以发现，样机画面已替换为项目画面，如图 4-78 所示。打开样机素材图层的时间轴窗口，点击"创建视频时间轴"，将播放时长设置为与智能对象图层视频播放时长一致（可按空格键播放来检查），如图 4-79 所示。

　　（9）确认样机播放效果无误后，选择"文件 - 导出 - 存储为 Web 所用格式（旧版）"（快捷键为"Alt + Shift + Ctrl + S"），如图 4-80 所示。在弹出的窗口中选择"GIF"，如果文件太大的话，可在图像大小设置面板中调小文件尺寸，在循环选项中选择"永远"，如图 4-81 所示。点击"存储"按钮，即可导出样机文件。

　　打开"素材\项目四\完成效果"，可查看最终完成效果。

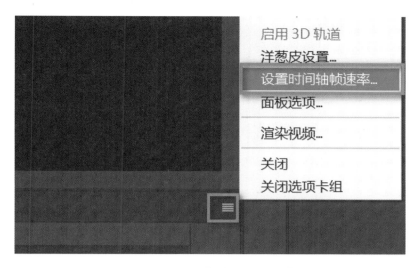

图 4-76 "设置时间轴帧速率"

图 4-77 "循环播放"

图 4-78 样机画面已替换为项目画面

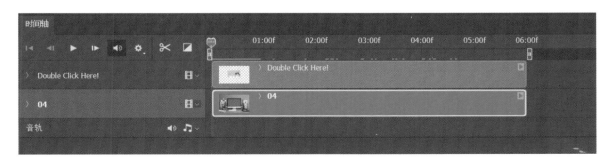

图 4-79 样机素材图层时间轴

图 4-80 "存储为 Web 所用格式（旧版）"

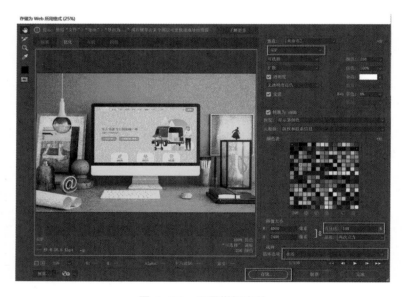

图 4-81 设置样机文件

三、学习任务小结

通过本次课的学习，同学们已经初步了解了如何使用 Adobe Photoshop 完成原型展示样机的制作。课后，同学们要做到多看、多练，逐步掌握电脑端网页设计全流程。

四、课后作业

（1）收集优秀的各品类界面设计项目，对其视觉风格与原型展示样机进行分析。

（2）根据现有的有多快送网站首页的高保真原型，完成原型展示样机设计与制作。

（3）分组完成设计方案展示 PPT，下次课各组上台介绍自己的设计方案。

项目五

使用 Adobe XD 完成交互
原型设计与制作实训

学习任务一　李宁商城 app 高保真原型设计实训

学习任务二　李宁商城 app 欢迎页交互原型设计与制作实训

学习任务三　李宁商城 app 主页交互原型设计与制作实训

学习任务四　李宁商城 app 详情页交互原型设计与制作实训

学习任务五　李宁商城 app 购物车页与结算页交互原型设计
　　　　　　与制作实训

学习任务六　李宁商城 app 交互原型展示样机制作实训

项目五素材

学习任务 一

李宁商城 app 高保真原型设计实训

教学目标

（1）专业能力：通过对指定 app 高保真原型的设计，掌握高保真原型设计的基本步骤与方法。

（2）社会能力：了解 app 高保真原型设计的方法与技巧。

（3）方法能力：资料收集能力、归纳总结能力。

学习目标

（1）知识目标：了解 app 高保真原型设计的基本步骤与方法。

（2）技能目标：能按照要求并运用所学知识，自行设计指定高保真原型。

（3）素质目标：提高归纳总结能力，能够根据产品需求提出合适的原型设计方案。

教学建议

1. 教师活动

（1）课前收集各种 app 高保真原型的图片和视频等资料，运用多媒体课件、教学视频等多种教学手段，提高学生对 app 高保真原型的直观认识。

（2）用 Adobe XD 示范指定 app 高保真原型设计步骤。

（3）拟定题目，指导学生进行课堂实训。

2. 学生活动

（1）课前准备学习资料，在教师的指导下进行高保真原型设计练习。

（2）课后查阅大量优秀的高保真原型资料，并形成资源库。

一、学习问题导入

各位同学，大家好！今天我们通过模拟李宁商城 app 高保真原型设计，来讲解 Adobe XD 在 app 原型设计中的应用。

二、学习任务讲解

1. 页面分析

李宁商城 app 视觉风格参考李宁官方网站（https://www.lining.com）的视觉风格，如图 5-1 所示。从点开 app，到完成购物的整个流程，可以看到以下五个主要页面。

图 5-1　李宁官方网站

（1）欢迎页面。

欢迎页面是点开 app 后弹出的页面，页面中设计品牌 logo 作为按钮，引导用户点击。点击后转至商城主页。

（2）主页。

主页是产品展示页面，用户可以通过上下滑动页面来浏览与选择产品。点击一个产品卡片即可进入该产品详情页。

（3）详情页。

详情页有更详细的产品信息。如不喜欢该产品，可点击返回键，返回主页继续浏览与选择。如喜欢该产品，则可点击下方最显眼的"BUY NOW（立即购买）"按钮，进入购物车页，进一步确认购买信息。

（4）购物车页。

购物车页主要有所购买产品信息，包括产品型号、数量、颜色与价钱，以及支付方式等。

（5）结算页。

结算页主要显示支付金额、所购买产品信息。

2. 各页面高保真原型设计

用 Adobe XD 绘制出各页面低保真原型，如图 5-2 所示。

使用 "素材 \ 项目五 \ 页面素材" 中的素材，设计各页面的高保真原型，如图 5-3 所示。

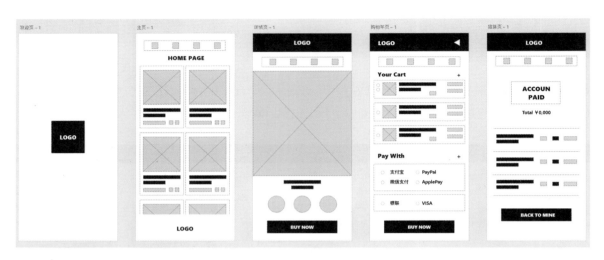

图 5-2　绘制各页面低保真原型

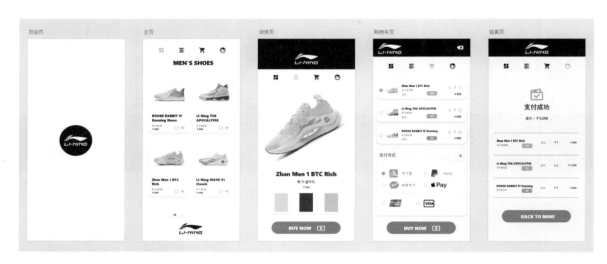

图 5-3　设计各页面高保真原型

三、学习任务小结

通过本次课的学习，同学们完成了 app 各页面高保真原型的设计，为后续的交互原型设计与制作做好了准备。课后，同学们要做到多看、多练，逐步掌握使用 Adobe XD 设计与制作高保真原型的技能与方法。

四、课后作业

（1）收集优秀的各品类 app 设计项目，对其原型设计与交互逻辑进行分析。

（2）根据李宁商城 app 项目需求，使用 Adobe XD 设计与制作其他页面的高保真原型，以方便完成后续方案设计。

学习任务

二 李宁商城 app 欢迎页交互原型设计与制作实训

教学目标

（1）专业能力：通过对欢迎页交互原型的设计与制作，掌握使用 Adobe XD 进行交互原型设计与制作的基本步骤与方法。

（2）社会能力：了解页面交互原型设计与制作的内容、技巧。

（3）方法能力：资料收集能力、归纳总结能力。

学习目标

（1）知识目标：了解页面交互原型设计与制作的基本步骤与方法。

（2）技能目标：能按照要求并运用所学知识，自行设计与制作指定页面交互原型。

（3）素质目标：提高归纳总结能力，能够根据产品需求提出合适的交互原型设计方案。

教学建议

1. 教师活动

（1）课前收集各种页面交互原型的图片和视频等资料，运用多媒体课件、教学视频等多种教学手段，提高学生对页面交互原型的直观认识。

（2）用 Adobe XD 示范欢迎页交互原型设计与制作步骤。

（3）拟定题目，指导学生进行课堂实训。

2. 学生活动

（1）课前准备学习资料，在教师的指导下进行交互原型设计与制作练习。

（2）课后查阅大量优秀的交互原型资料，并形成资源库。

一、学习问题导入

各位同学，大家好！今天我们一起来学习使用 Adobe XD 制作交互动效及 app 欢迎页交互原型。

二、学习任务讲解

使用 Adobe XD 制作带有交互动效的交互原型，可让 app 更加富有表现力、更加易用，对 app 的可用性体验有多维度的不同影响，如图 5-4 所示。

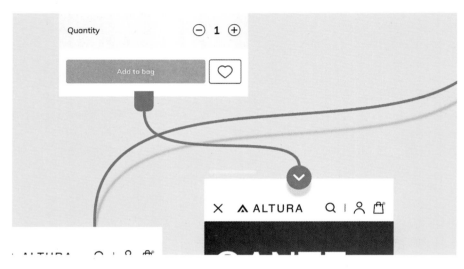

图 5-4　交互原型

1. 使用 Adobe XD 制作交互动效

通过 Adobe XD 的原型模式，可连接画板与画板，实现交互动画效果。操作方便且直观，只要将每个画板理解为动画时间轴里的关键帧，为对象和画板设置"触发"和"操作"参数，设置画板与画板间对象的运动，系统即可自动生成交互动效。Adobe XD 的原型模式如图 5-5 所示。

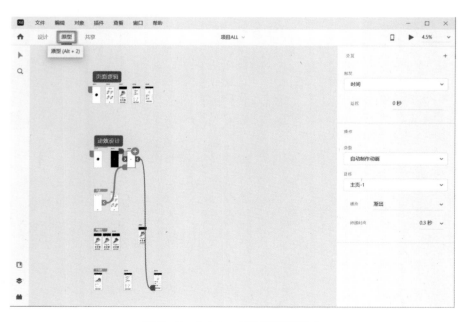

图 5-5　Adobe XD 的原型模式

交互动效的制作步骤如下。

（1）以一个从正方形变化为圆形的动画为例。先建立关键帧画板：用 Adobe XD 新建文档，在设计模式下，用矩形工具绘制一个正方形；然后按住 Alt 键拖动画板，复制一个画板，在复制的画板中调整正方形的圆角，使其变为圆形，如图 5-6 所示。

（2）在原型模式下，点击"练习 -1"画板，该画板会变为半透明的蓝色，表示被选中，且右边会出现一个蓝色带箭头的圆形按钮，如图 5-7 所示。在属性检查器中单击"+"，可以设置"触发"和"操作"。

（3）点击蓝色圆形按钮，按钮会伸出一条连接线，拖动连接线至"练习 -1-1"画板，如图 5-8 所示。这样就在两个画板间建立了交互连接，如图 5-9 所示。

（4）建立交互连接后，为对象和画板设置"触发"和"操作"，如图 5-10 所示。

图 5-6　建立关键帧画板

图 5-7　选中"练习 -1"画板

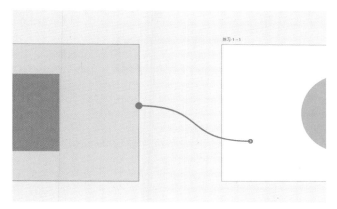

图 5-8　拖动连接线

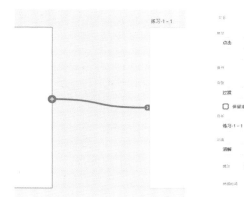

图 5-9　建立交互连接

图 5-10　"触发"
和"操作"

属性检查器中"触发"和"操作"的具体选项如下。

触发类型：包括"点击""拖移""时间""按键和游戏手柄""语音"，如图 5-11 所示。

触发延迟：以秒为单位设置延迟时间，如图 5-12 所示。

操作类型：包括"过渡""自动制作动画""超链接""叠加""上一个画板""音频播放""语音播放"，如图 5-13 所示。

目标：用于更改目标画板，如图 5-14 所示。

动画：包括"无""溶解""左滑""右滑""上滑""下滑""向左推出""向右推出""向上推出""向下推出"，如图 5-15 所示。

图 5-11　触发类型

缓动：用于选择缓动效果，如图 5-16 所示。

持续时间：以秒为单位设置持续时间，如图 5-17 所示。

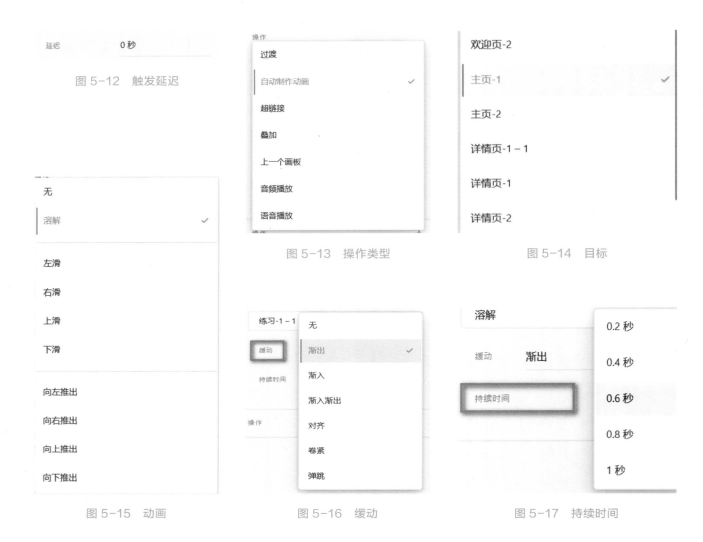

图 5-12　触发延迟

图 5-13　操作类型

图 5-14　目标

图 5-15　动画

图 5-16　缓动

图 5-17　持续时间

（5）复制"练习 -1-1"画板，再将圆形向右移出画板。为画板建立交互连接，如图 5-18 所示。就可以做出一个正方形变为圆形再向右移出画面的动画效果，打开"素材 \ 项目五 \ 完成效果 \ 5.2- 交互动效 .mp4"可查看该动效。

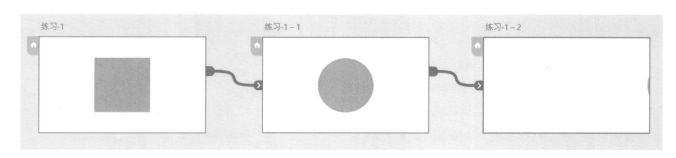

图 5-18　连接画板

2. 使用 Adobe XD 设计与制作欢迎页交互原型

在欢迎页中，设计品牌 logo 作为按钮，引导用户点击。点击后按钮扩展至整个页面，再收缩至 logo 颜色转变，并转至商城主页。欢迎页交互原型的三个画板如图 5-19 所示。

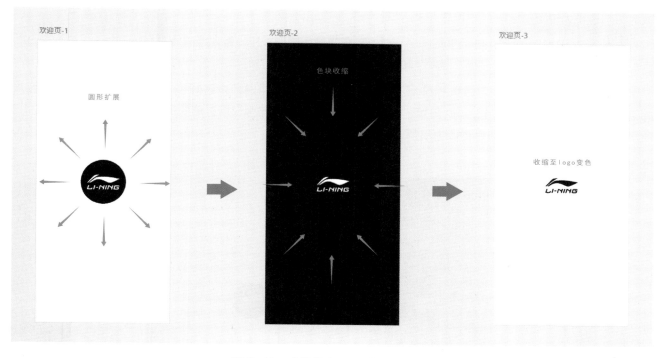

图 5-19　欢迎页交互原型的三个画板

具体步骤如下。

（1）打开 Adobe XD，点击左上角"菜单"按钮，再点击"新建"（快捷键是"Ctrl+N"），如图 5-20 所示。选择"iPhone 13、12 Pro Max"预设画板，如图 5-21 所示。

图 5-20　新建文件

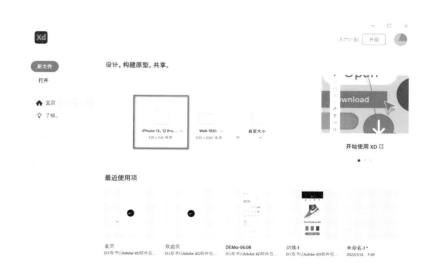

图 5-21　选择预设画板

（2）重命名画板为"欢迎页 -1"，用矩形工具绘制一个正方形，再调整其圆角，使其变为圆形；打开"素材 \ 项目五 \ 页面素材 \li-ning logo.eps"， 导入 logo 素材，调节大小，放置在合适的位置；将圆形与 logo 对齐，效果如图 5-22 所示。

（3）按住 Alt 键拖动"欢迎页 -1"画板，复制出一个画板，重命名该画板为"欢迎页 -2"。在复制的画板内将圆形拉大至覆盖全屏，如图 5-23 所示。

（4）选中"欢迎页 -1"画板里的圆形，点击其右方蓝色圆形按钮，拖动连接线至目标画板（"欢迎页 -2"画板），如图 5-24 所示。设置"触发"和"操作"，如图 5-25 所示。

（5）按住 Alt 键拖动"欢迎页 -2"画板，复制出一个画板，重命名该画板为"欢迎页 -3"。将覆盖全屏的圆形拉小，至小于 logo 并被 logo 覆盖，在设计模式的属性检查器里设置圆形的不透明度为 0%，如图 5-26 所示。再将 logo 的颜色由白色更改为黑色，如图 5-27 所示。

图 5-22　制作圆形，导入 logo

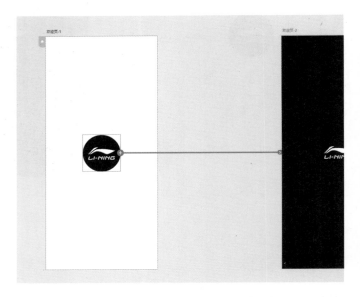

图 5-23　将圆形拉大

图 5-24　建立"欢迎页 -1""欢迎页 -2"画板的交互连接

图 5-25　设置"欢迎页 -1""欢迎页 -2"画板的"触发"和"操作"

图 5-26　设置不透明度为"0%"

图 5-27　更改 logo 颜色

（6）返回原型模式，选中"欢迎页 -2"画板里的圆形，点击其右方蓝色圆形按钮，拖动连接线至目标画板（"欢迎页 -3"画板），如图 5-28 所示。设置"触发"和"操作"，如图 5-29 所示。

（7）单击右上方"桌面预览"按钮，即可预览欢迎页交互原型效果。打开"素材 \ 项目五 \ 完成效果 \5.2-欢迎页 .mp4"可查看该效果。

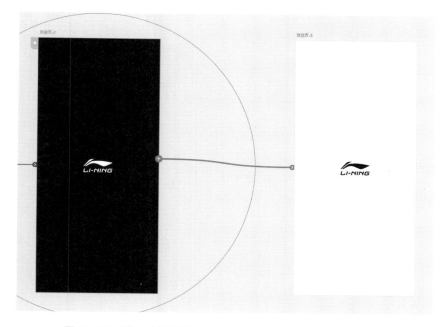

图 5-28　建立"欢迎页 -2""欢迎页 -3"画板的交互连接

图 5-29　设置"欢迎页 -2""欢迎页 -3"画板的"触发"和"操作"

三、学习任务小结

通过本次课的学习，同学们已经初步了解了如何使用 Adobe XD 制作交互动效，并完成了李宁商城 app 欢迎页交互原型的设计与制作。

四、课后作业

（1）收集优秀的各品类 app 设计项目，对其原型设计与交互动效进行分析。

（2）根据李宁商城 app 项目需求，使用 Adobe XD 细化欢迎页交互动效。

李宁商城 app 主页交互原型设计与制作实训

教学目标

（1）专业能力：通过对主页交互原型的设计与制作，掌握使用 Adobe XD 进行交互原型设计与制作的基本步骤与方法。

（2）社会能力：了解页面交互原型设计与制作的内容与技巧。

（3）方法能力：资料收集能力、归纳总结能力。

学习目标

（1）知识目标：了解页面交互原型设计与制作的基本步骤与方法。

（2）技能目标：能按照要求并运用所学知识，自行设计与制作指定页面交互原型。

（3）素质目标：提高归纳总结能力，能够根据产品需求提出合适的交互原型设计方案。

教学建议

1. 教师活动

（1）课前收集各种页面交互原型的图片和视频等资料，运用多媒体课件、教学视频等多种教学手段，提高学生对页面交互原型的直观认识。

（2）用 Adobe XD 示范主页交互原型设计与制作步骤。

（3）拟定题目，指导学生进行课堂实训。

2. 学生活动

（1）课前准备学习资料，在教师的指导下进行交互原型设计与制作练习。

（2）课后查阅大量优秀的交互原型资料，并形成资源库。

一、学习问题导入

各位同学，大家好！今天我们一起来学习使用 Adobe XD 设计与制作 app 主页交互原型。

二、学习任务讲解

1. 使用 Adobe XD 制作主页高保真原型

李宁商城 app 主页主要通过产品卡片来展示各产品信息，如图 5-30 所示。点击产品卡片即可进入该产品详情页。

主页高保真原型具体制作步骤如下。

（1）新建预设画板为"iPhone 13、12 Pro Max"的文件，将上次课完成的"欢迎页 -3"画板复制到这个新文件里，按住 Alt 键拖动"欢迎页 -3"画板，复制出一个画板，重命名该画板为"主页 -1"。将 logo 向下移动到画板底部。打开"素材 \ 项目五 \ 页面素材 \icons.ai"，导入导航栏图标素材，调节大小，放置在合适的位置。完成效果如图 5-31 所示。

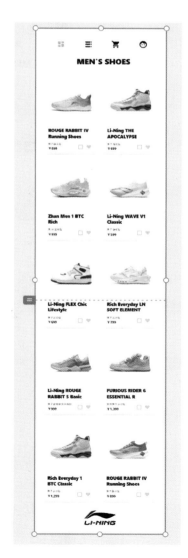

图 5-30　李宁商城 app 主页

图 5-31　"主页 -1"画板完成效果

（2）按住"Alt"键拖动"主页-1"画板，复制出一个画板，重命名该画板为"主页-2"。绘制一个产品卡片，用于展示产品图片、产品名字、产品类型、价格，如图 5-32 所示。

（3）使用重复网格功能复制出多个产品卡片，打开 "素材\项目五\页面素材\主页产品"，将产品图片与文字信息快速导入产品卡片内，效果如图 5-33 所示。

（4）通过右侧属性检查器的变换面板中的"垂直滚动"（如图 5-34 所示）设置产品卡片的显示区域，如图 5-35 所示。单击 Adobe XD 右上方"桌面预览"按钮，可预览产品卡片滚动效果。

图 5-32　绘制一个产品卡片

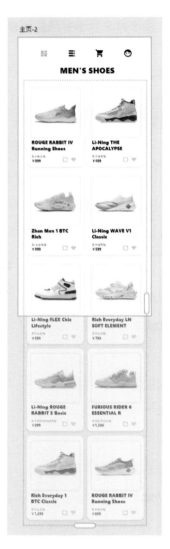

图 5-33　导入产品图片与文字信息

图 5-34　"垂直滚动"

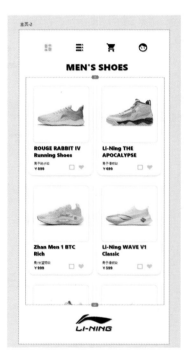

图 5-35　产品卡片的显示区域

106

2. 使用 Adobe XD 制作主页交互按钮

使用添加组件状态功能在主页中加入"选择"与"喜爱"两个交互按钮，可让用户无须进入下一页面，就能在主页添加产品到购物车或收藏夹内。

添加组件状态功能：创建一个组件，对其添加多个状态并用线连接，即可模拟真实的用户行为，如图 5-36 所示。此功能可用于更轻松地管理资源和创建交互式设计系统。

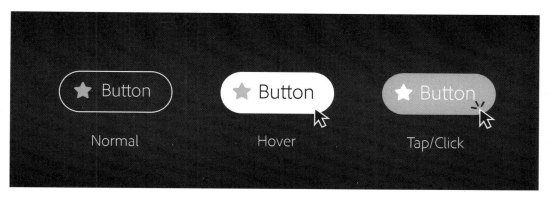

图 5-36　添加组件状态功能

具体步骤如下。

（1）双击选中重复网格的主卡片，使用矩形工具在卡片中绘制一个 W 为 "16"，H 为 "16" 的正方形，设置其圆角半径为 "2"，不勾选 "填充"，勾选 "边界" 并设置 Hex 值为 "#CBCBCB"（灰色），设置描边宽度为 "3"，如图 5-37 所示，图形效果如图 5-38 所示。

（2）选中该图形，建立组件，蓝色选框会变化为绿色选框，如图 5-39 所示。

创建组件后，属性检查器中会出现一个新的面板，如图 5-40 所示。点击 "默认状态" 右边的 "+"，可以为组件添加三种状态：新建状态、悬停状态或切换状态，如图 5-41 所示。

① 新建状态。

对于希望显示组件变体的情况，使用新建状态。

新建状态没有任何已内置在状态中的交互性，必须在原型模式下建立交互连接。

图 5-37　参数设置　　图 5-38　图形效果　　图 5-39　建立组件　　图 5-40　组件状态面板　　图 5-41　可添加的三种状态

② 悬停状态。

如果希望用户将鼠标悬停在组件上（或长按组件）时组件发生变化并显示不同的状态，可使用悬停状态。

使用悬停状态时，无须进入原型模式以建立交互连接。

③ 切换状态。

当要创建具有交互式切换功能的组件（例如切换按钮、单选按钮、复选框等）时，可使用切换状态。

创建切换状态后，默认情况下，Adobe XD 将自动在默认状态和切换状态之间内置两个双向点击交互按钮，以使其具有完全交互性。

（3）选择"新建状态"，创建一个新状态，重命名新状态为"选中"，如图 5-42 所示。在设计模式下，编辑"选中"状态下的图形，如图 5-43 所示。

（4）在原型模式下，选择"默认状态"，创建交互连接，如图 5-44 所示。设置目标为"选中"，如图 5-45 所示。

在原型模式下，选择"选中"状态，创建交互连接，如图 5-46 所示。设置目标为"默认状态"，如图 5-47 所示。

图 5-42　重命名新状态为"选中"

图 5-43　编辑"选中"状态下的图形

图 5-45　设置目标为"选中"

图 5-44　默认状态下创建交互连接　　图 5-46　"选中"状态下创建交互连接　　图 5-47　设置目标为"默认状态"

此时，"选择"按钮两个状态闭环即建立，点击"默认状态"会跳转至"选中"状态，点击"选中"状态会再跳转回"默认状态"，如图 5-48 所示。

（5）使用同样方法，在设计模式下，创建"喜欢"图形的两个状态。在原型模式下，建立"喜欢"按钮两个状态闭环，如图 5-49 所示。

（6）单击右上方"桌面预览"按钮，即可预览交互按钮效果。打开"素材 \ 项目五 \ 完成效果 \5.3- 交互按钮 .mp4"可查看该效果。

图 5-48 "选择"按钮闭环　　　　　　图 5-49 "喜欢"按钮闭环

3. 使用 Adobe XD 设计与制作主页交互原型

（1）在设计模式下，选择"主页 -1"画板中导航栏的四个图标，将其合并成组（快捷键是"Ctrl+G"），复制到"欢迎页 -3"画板中，调整图标位置，如图 5-50 所示。

（2）在原型模式下，选中"欢迎页 -3"画板，点击其右方蓝色圆形按钮，拖动连接线至目标画板（"主页 -1"画板）；设置触发类型为"点击"，操作类型为"自动制作动画"，为两个画板建立交互连接，如图 5-51 所示。

图 5-50 在"欢迎页 -3"画板中调整导航栏图标位置

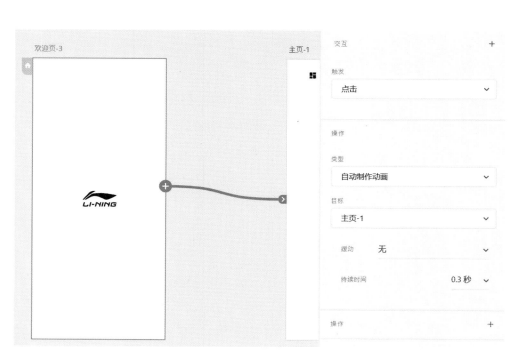

图 5-51 为两个画板建立交互连接

（3）在设计模式下，选择"主页-2"画板中的标题与产品卡片显示区域，复制到"主页-1"画板中，调整其位置，如图 5-52 所示。

（4）在原型模式下，连接"主页-1"与"主页-2"画板，设置"触发"和"操作"，如图 5-53 所示。

（5）单击右上方"桌面预览"按钮，即可预览主页交互原型效果。打开"素材 \ 项目五 \ 完成效果 \5.3-主页.mp4"可查看该效果。

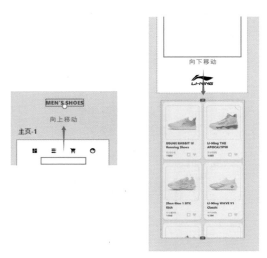

图 5-52　在"主页-2"画板中调整标题与产品卡片显示区域位置

图 5-53　连接"主页-1"与"主页-2"画板

三、学习任务小结

通过本次课的学习，同学们已经初步了解了如何使用 Adobe XD 进行交互按钮的制作，并完成了李宁商城 app 主页交互原型的设计与制作。

四、课后作业

（1）收集优秀的各品类 app 设计项目，对其原型设计与交互逻辑进行分析。

（2）根据李宁商城 app 项目需求，使用 Adobe XD 细化主页交互动效。

李宁商城 app 详情页交互原型设计与制作实训

教学目标

（1）专业能力：通过对详情页交互原型的设计与制作，掌握使用 Adobe XD 进行交互原型设计与制作的基本步骤与方法。

（2）社会能力：了解页面交互原型设计与制作的内容与技巧。

（3）方法能力：资料收集能力、归纳总结能力。

学习目标

（1）知识目标：了解页面交互原型设计与制作的基本步骤与方法。

（2）技能目标：能按照要求并运用所学知识，自行设计与制作指定页面交互原型。

（3）素质目标：提高归纳总结能力，能够根据产品需求提出合适的交互原型设计方案。

教学建议

1. 教师活动

（1）课前收集各种页面交互原型的图片和视频等资料，运用多媒体课件、教学视频等多种教学手段，提高学生对页面交互原型的直观认识。

（2）用 Adobe XD 示范详情页交互原型设计与制作步骤。

（3）拟定题目，指导学生进行课堂实训。

2. 学生活动

（1）课前准备学习资料，在教师的指导下进行交互原型设计与制作练习。

（2）课后查阅大量优秀的交互原型资料，并形成资源库。

一、学习问题导入

各位同学，大家好！今天我们一起来学习使用 Adobe XD 设计与制作 app 详情页的交互原型。

二、学习任务讲解

1. 使用 Adobe XD 制作详情页高保真原型

李宁商城 app 产品详情页有更详细的产品介绍与颜色等信息，点击颜色选择键，可切换不同颜色的产品图片，如图 5-54 所示。详情页上方设计为返回键，如不喜欢该产品，可点击返回键，返回主页继续浏览其他产品。如喜欢该产品，则可点击下方的"BUY NOW（立即购买）"按钮，进入购物车页，进一步确认购买信息。

详情页高保真原型具体制作步骤如下。

（1）新建预设画板为"iPhone 13、12 Pro Max"的文件，将上次课完成的"主页 -2"画板复制到这个新文件里，按住 Alt 键拖动"主页 -2"画板，复制出一个画板，重命名该画板为"详情页 -1"。将黑色 logo 改为白色，向上移动到画板顶部，添加黑色矩形背景；将导航栏移至 logo 下方，如图 5-55 所示。

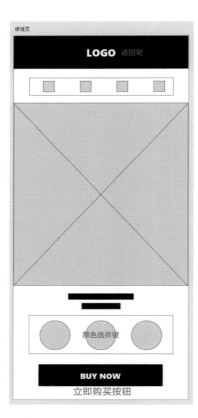

图 5-54 详情页

图 5-55 制作详情页顶部

（2）打开 "素材 \ 项目五 \ 页面素材 \ 详情页图片"，导入图片素材，调节大小，放置在合适的位置；通过右侧属性检查器的变换面板中的"水平滚动"（如图 5-56 所示）设置产品图片的显示区域，如图 5-57 所示。

（3）复制"主页 -2"画板里相关产品信息至产品图片下方，调节大小，居中放置在合适的位置；绘制一个色块卡片，再使用重复网格功能复制出两个色块卡片，更改其颜色，如图 5-58 所示。

Adobe XD 软件应用

变换

W 428   X 0   ↻ 0°

H 805   Y -20

▷◁ ▽ ⟷ ⇕ ✛

☐ 滚动时固定位置

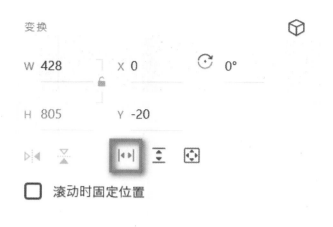

图 5-56 "水平滚动"

图 5-57 设置产品图片的显示
区域

图 5-58 完善产
品信息

（4）绘制一个"BUY NOW（立即购买）"按钮，如图 5-59 所示。

（5）按住 Alt 键拖动"详情页 -1"画板，复制出两个画板，分别重命名为"详情页 -2"与"详情页 -3"。双击选择"详情页 -2"画板中的产品图片，在其右键菜单中选择"替换图像…"，如图 5-60 所示。

（6）在弹出的窗口中，打开"素材＼项目五＼页面素材＼详情页图片"，替换产品图片；使用同样方法，替换"详情页 -3"画板中的产品图片，效果如图 5-61 所示。

图 5-59 绘制"BUY NOW
（立即购买）"按钮

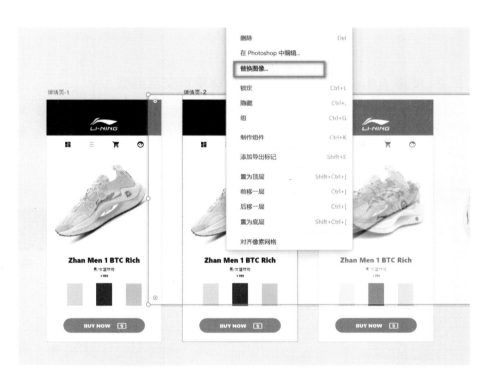

图 5-60 "替换图像"选项

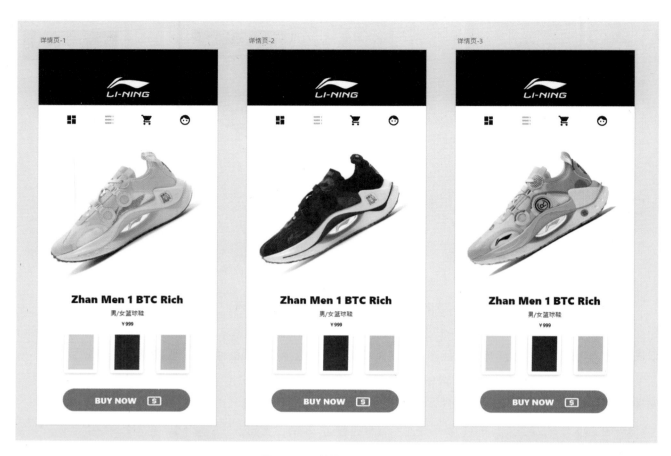

图 5-61　替换产品图片效果

2. 使用 Adobe XD 设计与制作详情页交互原型

（1）在原型模式下，选中"主页 -2"画板中的产品卡片，如图 5-62 所示。点击其右方蓝色圆形按钮，拖动连接线至目标画板（"详情页 -1"画板）；设置触发类型为"点击"，操作类型为"自动制作动画"，如图 5-63 所示。

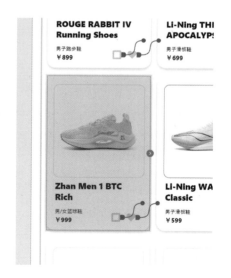

图 5-62　"主页 -2"画板中的产品　　　　图 5-63　连接产品卡片与"详情页 -1"画板
卡片

（2）在"详情页-1"画板中，双击选中三个色块卡片，连接黑色卡片与"详情页-2"画板，连接灰色卡片与"详情页-3"画板，如图5-64所示；设置触发类型为"点击"，操作类型为"自动制作动画"。

（3）使用同样的方法，在"详情页-2"画板中，连接绿色卡片与"详情页-1"画板，连接灰色卡片与"详情页-3"画板；在"详情页-3"画板中，连接绿色卡片与"详情页-1"画板，连接黑色卡片与"详情页-2"画板；使得三个详情页相互闭环，如图5-65所示。

（4）单击右上方"桌面预览"按钮，即可预览详情页交互原型效果。打开"素材\项目五\完成效果\5.4-详情页.mp4"可查看该效果。

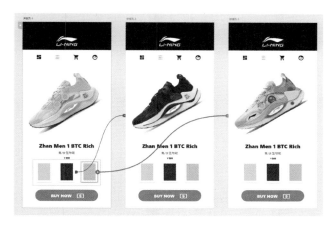

图5-64　连接色块卡片与对应详情页画板

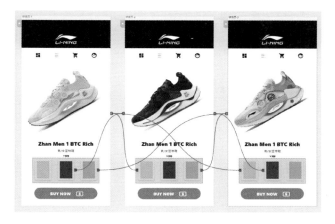

图5-65　建立闭环

三、学习任务小结

通过本次课的学习，同学们已经初步了解了如何使用Adobe XD进行详情页交互原型的设计与制作，并完成了李宁商城app详情页交互原型的设计与制作。

四、课后作业

（1）收集优秀的各品类app设计项目，对其原型设计与交互逻辑进行分析。

（2）根据李宁商城app项目需求，使用Adobe XD细化详情页交互动效。

115

学习任务

五

李宁商城 app 购物车页与结算页交互原型设计与制作实训

教学目标

（1）专业能力：通过对购物车页与结算页交互原型的设计与制作，掌握使用 Adobe XD 进行交互原型设计与制作的基本步骤与方法。

（2）社会能力：了解页面交互原型设计与制作的内容与技巧。

（3）方法能力：资料收集能力、归纳总结能力。

学习目标

（1）知识目标：了解页面交互原型设计与制作的基本步骤与方法。

（2）技能目标：能按照要求并运用所学知识，自行设计与制作指定页面交互原型。

（3）素质目标：提高归纳总结能力，能够根据产品需求提出合适的交互原型设计方案。

教学建议

1. 教师活动

（1）课前收集各种页面交互原型的图片和视频等资料，运用多媒体课件、教学视频等多种教学手段，提高学生对页面交互原型的直观认识。

（2）用 Adobe XD 示范购物车页与结算页交互原型设计与制作步骤。

（3）拟定题目，指导学生进行课堂实训。

2. 学生活动

（1）课前准备学习资料，在教师的指导下进行交互原型设计与制作练习。

（2）课后查阅大量优秀的交互原型资料，并形成资源库。

一、学习问题导入

各位同学，大家好！今天我们一起来学习使用 Adobe XD 设计与制作 app 购物车页与结算页的交互原型。

二、学习任务讲解

1. 使用 Adobe XD 制作详情页高保真原型

购物车页显示所购买产品信息，包括产品型号、数量、颜色与价钱，以及支付方式等。结算页显示支付金额、所购买产品信息等。购物车页、结算页与主页的交互连接如图 5-66 所示。

购物车页与结算页高保真原型具体制作步骤如下。

（1）新建预设画板为"iPhone 13、12 Pro Max"的文件，打开"素材 \ 项目五 \ 页面素材 \ 购物页产品 \ 产品图片"，导入图片素材，绘制出"购物车页 -1"高保真原型基础布局，如图 5-67 所示。

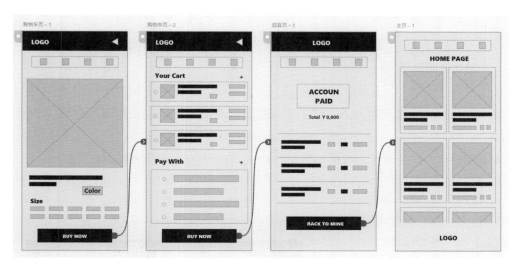

图 5-66　购物车页、结算页与主页的交互连接　　　　图 5-67　"购物车页 -1"高保真原型基础布局

（2）在"选择尺码"区域，使用重复网格功能制作多个尺码卡片，如图 5-68 所示。打开"素材 \ 项目五 \ 页面素材 \ 购物页产品"，将"尺码表 .txt"文件拖入，使文字信息导入尺码卡片，如图 5-69 所示。创建尺码按钮，如图 5-70 所示。

（3）按住 Alt 键拖动"购物车页 -1"画板，复制出一个画板，重命名该画板为"购物车页 -2"。使用矩形工具绘制一个 W 为"395"、H 为"82"的矩形，设置其圆角半径为"16"；勾选"填充"，设置颜色为白色；不勾选"边界"；勾选"投影"，设置 Y 为"3"、B 为"6"。圆角矩形参数设置如图 5-71 所示。

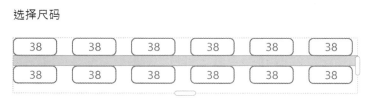

图 5-68　使用重复网格功能制作多个尺码卡片　　　　图 5-69　导入文字信息

图 5-70　创建尺码按钮　　　　　　　　　　　　　　图 5-71　圆角矩形参数设置

（4）将"购物车页-1"中的产品信息复制到"购物车页-2"的圆角矩形中，调节大小，放置在合适的位置，如图 5-72 所示。

（5）创建交互按钮，如图 5-73 所示。产品卡片完成效果如图 5-74 所示（右边的调整数量交互按钮制作方法将在后文讲解）。

（6）使用重复网格功能复制出多个产品卡片，再将产品图片与文字信息快速导入复制出来的产品卡片内，效果如图 5-75 所示。

图 5-72　添加产品信息

图 5-73　创建交互按钮

图 5-74　产品卡片完成效果

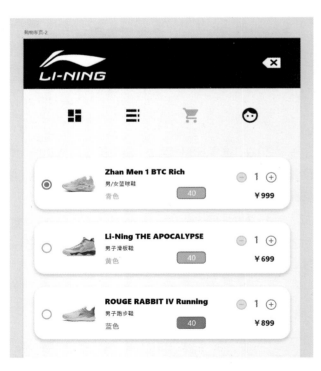

图 5-75　三个产品卡片完成效果

（7）打开"素材\项目五\页面素材\购物页产品\支付图标"，导入图标素材，调节大小，放置在合适的位置，完成"购物车页-2"的制作，其效果如图5-76所示。

（8）按住Alt键拖动"购物车页-2"画板，复制出一个画板，重命名该画板为"结算页-1"。打开"素材\项目五\页面素材\购物页产品\支付图标"，导入图标素材，调节大小，放置在合适的位置，完成"结算页-1"的制作，其效果如图5-77所示。

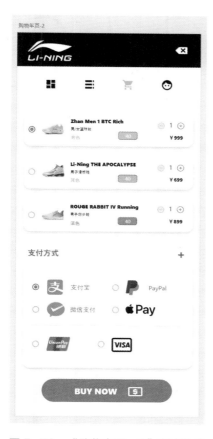
图 5-76　"购物车页-2"完成效果

图 5-77　"结算页-1"完成效果

2. 使用 Adobe XD 制作调整数量交互按钮

（1）在设计模式下，创建两个按钮，如图5-78所示。在两个按钮中间创建一个矩形与竖排数字，如图5-79所示。

（2）选中矩形与竖排数字，在鼠标右键菜单中，选择"带有形状的蒙版"（快捷键是"Shift+Ctrl+M"），如图5-80所示，创建一个数字蒙版。选中两个按钮与数字蒙版，创建组件（快捷键是"Ctrl+K"），如图5-81所示。

图 5-78　创建两个按钮

图 5-79　创建矩形与竖排数字

图 5-80 选择"带有形状的蒙版"

图 5-81 创建组件

（3）在属性检查器中，创建一个新状态，命名为"状态 2"；双击数字蒙版，将竖排数字下移至数字"2"在两个按钮中间，如图 5-82 所示。使用同样方法依次创建新状态，下移竖排数字。组件状态面板如图 5-83 所示。

（4）在原型模式下，选择默认状态的"+"按钮，设置目标为"状态 2"；因为默认状态的数字不能再减小，在点击"-"按钮的时候应该没有交互，所以要在设计模式下更改"-"按钮的颜色，以表示不能点击，如图 5-84 所示。

（5）在原型模式下，选择"状态 2"的"-"按钮，设置目标为"默认状态"，如图 5-85 所示。选择"+"按钮，设置目标为"状态 3"。依此类推，设置所有状态交互逻辑，如图 5-86 所示。

（6）单击右上方"桌面预览"按钮，即可预览交互按钮效果。打开"素材 \ 项目五 \ 完成效果 \5.5- 数字计数器 .mp4"可查看该效果。

图 5-82 数字"2"在
两个按钮中间

图 5-83 组件状态面板

图 5-84 默认状态下建立交互连接

图 5-85　对"状态 2"的"-"按钮建立交互连接

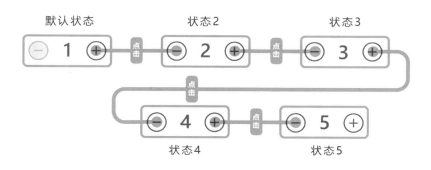

图 5-86　设置所有状态交互逻辑

3. 使用 Adobe XD 设计与制作购物车页与结算页交互原型

（1）在设计模式下，复制"购物车页 -2"画板中的三个产品卡片和支付方式卡片，粘贴到"购物车页 -1"画板附近合适的位置，如图 5-87 所示。

（2）在原型模式下，选中"购物车页 -1"画板里的"BUY NOW（立即购买）"按钮，连接"购物车页 -2"画板，如图 5-88 所示。设置触发类型为"点击"，操作类型为"自动制作动画"。

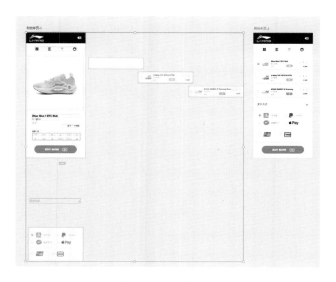

图 5-87　复制产品卡片和支付方式卡片

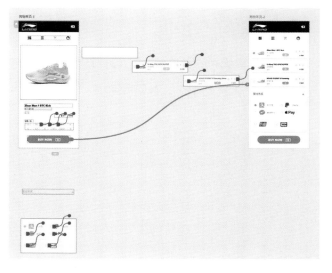

图 5-88　连接"购物车页 -1"画板的"BUY NOW"按钮与"购物车页 -2"画板

（3）选中"购物车页-2"画板里的"BUY NOW（立即购买）"按钮，连接"结算页-1"画板，如图5-89所示。

（4）单击右上方"桌面预览"按钮，即可预览购物车页与结算页交互原型效果。打开"素材 \ 项目五 \ 完成效果 \5.5- 购物车页与结算页 .mp4"可查看该效果。

图 5-89　连接"购物车页-2"画板的"BUY NOW"按钮与"结算页-1"画板

三、学习任务小结

通过本次课的学习，同学们已经初步了解了如何使用 Adobe XD 进行购物车页与结算页交互原型的设计与制作，并完成了李宁商城 app 购物车页与结算页交互原型的设计与制作。

四、课后作业

（1）收集优秀的各品类 app 设计项目，对其原型设计与交互逻辑进行分析。

（2）根据李宁商城 app 项目需求，使用 Adobe XD 细化购物车页与结算页交互动效。

李宁商城 app 交互原型展示样机制作实训

教学目标

（1）专业能力：能按项目需求完成交互原型的录制，掌握制作交互原型展示样机的基本步骤与方法。

（2）社会能力：了解交互原型展示样机的内容与制作技巧。

（3）方法能力：资料收集能力、归纳总结能力。

学习目标

（1）知识目标：了解制作交互原型展示样机的基本步骤与方法。

（2）技能目标：能按照要求并运用所学知识，自行制作指定交互原型展示样机。

（3）素质目标：提高归纳总结能力，能够根据产品需求提出合适的交互原型设计方案。

教学建议

1. 教师活动

（1）课前收集各种交互原型展示样机的图片和视频等资料，运用多媒体课件、教学视频等多种教学手段，提高学生对交互原型展示样机的直观认识。

（2）示范交互原型展示样机的制作步骤。

（3）拟定题目，指导学生进行课堂实训。

2. 学生活动

（1）课前准备学习资料，在教师的指导下进行原型展示样机制作练习。

（2）课后查阅大量优秀的原型展示样机资料，并形成资源库。

一、学习问题导入

各位同学，大家好！今天我们一起来制作李宁商城 app 交互原型展示样机。

二、学习任务讲解

1. 使用 Adobe XD 连接所有页面

（1）打开"素材\项目五\页面素材\页面原文件"中的所有文件，将每个文件里所有画板汇总到同一文件中，如图 5-90 所示。

（2）在原型模式下，连接画板，如图 5-91 所示。

（3）单击右上方"桌面预览"按钮，即可预览交互效果。打开"素材\项目五\完成效果\5.6- 李宁商城项目 .mp4"可查看该效果。

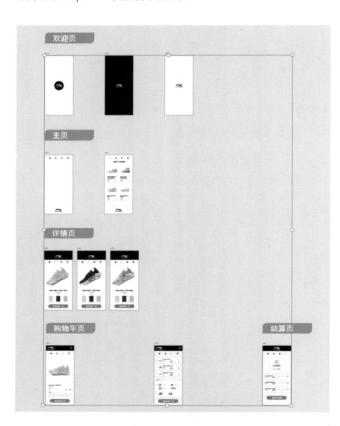

图 5-90　汇总所有画板到同一文件中

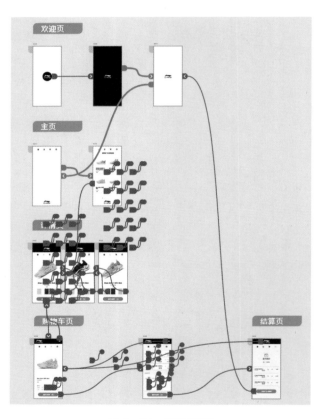

图 5-91　连接画板

2. 使用 Adobe XD 预览原型

（1）直接在 Adobe XD 中预览原型。

在设计模式或原型模式下，单击右上方"桌面预览"按钮，即可开启预览窗口。在 Adobe XD 中选中某个对象或交互连接线，并根据需要进行更改，更改会在预览窗口中实时显示。

（2）在移动设备上预览原型。

还可以通过 USB 将移动设备连接到运行 Adobe XD 的计算机，即可在移动设备上实时预览原型，如图 5-92 所示。在 Adobe XD 中所做的更改，会在移动设备上实时显示。

图 5-92　在移动设备上预览原型

3. 使用 Adobe XD 录制原型

在预览窗口中，单击"录制"按钮即开始录制原型。如果存在交互原型，则所有原型都会被录制为 MP4 文件，如图 5-93 所示。再次单击"录制"按钮或按 Esc 键，即可停止录制，弹出的窗口用于指定保存文件的位置。

Windows 系统中的 Adobe XD 不支持录制原型。但是，可以按" Windows + G"使用系统自带的录制程序录制预览窗口，如图 5-94 所示。

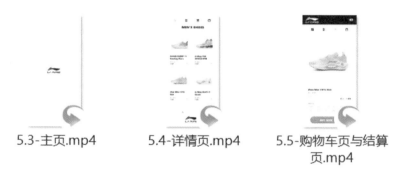

5.3-主页.mp4　　　5.4-详情页.mp4　　　5.5-购物车页与结算
　　　　　　　　　　　　　　　　　　　　　　　　　页.mp4

图 5-93　录制为 MP4 文件

图 5-94　按"Windows + G"录制预览窗口

4．制作交互原型展示样机

（1）在 Adobe XD 中，录制交互原型视频，重命名为"李宁购物商城动效 .mp4"，如图 5-95 所示。

（2）在 Adobe Photoshop 中打开"素材 \ 项目五 \ 样机 \ iPhoneX.psd"，找到智能对象图层，如图 5-96 所示。

（3）双击智能对象图层的缩略图（图 5-97 中的箭头所示）；或用鼠标右键点击图层，选择"编辑内容"或者"替换内容"，以打开智能对象图层，如图 5-97 所示。

（4）在上方菜单栏中点击"窗口"，再点击"时间轴"，打开时间轴窗口，如图 5-98 所示。在时间轴窗口中点击"创建视频时间轴"，如图 5-99 所示。

（5）把交互原型视频导入，如图 5-100 所示。

图 5-95　交互原型视频

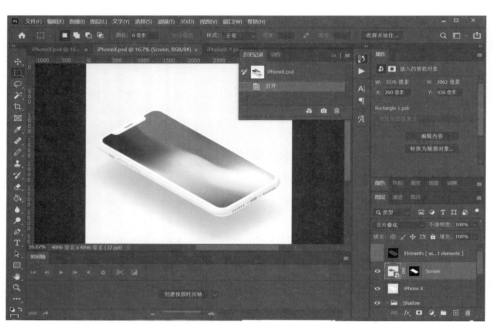

图 5-96　打开样机素材

图 5-97　打开智能对象
图层

图 5-98　"窗口 - 时间轴"

图 5-99　"创建视频时间轴"

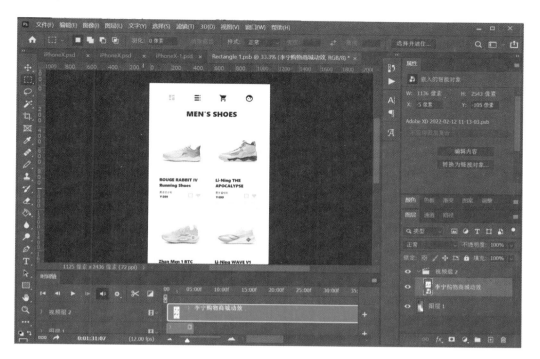

图 5-100　导入视频

（6）退回到样机素材文件，可以发现，样机画面已替换为项目画面，如图 5-101 所示。打开样机素材图层的时间轴窗口，点击"创建视频时间轴"，将播放时长设置为与交互原型视频时长一致（可按空格键播放来检查），如图 5-102 所示。

（7）确认样机播放效果无误后，选择"文件 – 导出 – 渲染视频"，如图 5-103 所示。在弹出的窗口中设置导出文件名称为"购物商城 iPhoneX 样机 .mp4"，指定文件保存位置，如果文件太大的话，可在"大小"栏调小文件尺寸，调整"帧速率"，如图 5-104 所示。调整完成后点击"渲染"按钮，即可导出样机文件。

打开"素材 \ 项目五 \ 完成效果 \5.6- 李宁商城 iPhoneX 样机 .mp4"，可查看最终完成效果。

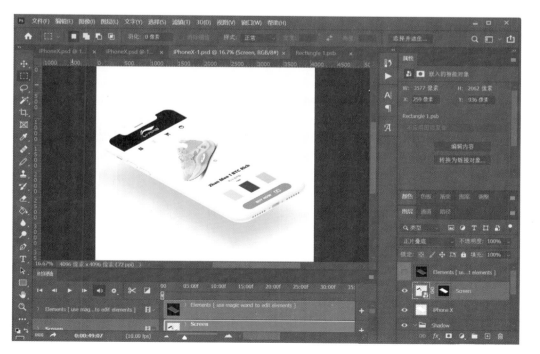

图 5-101　样机画面已替换为项目画面

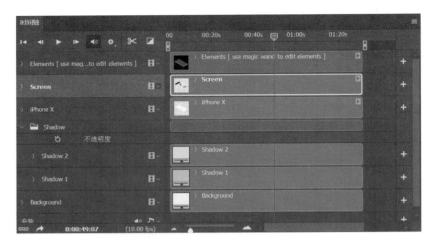

图 5-102　样机素材图层时间轴　　　　　　　　　　图 5-103　渲染视频

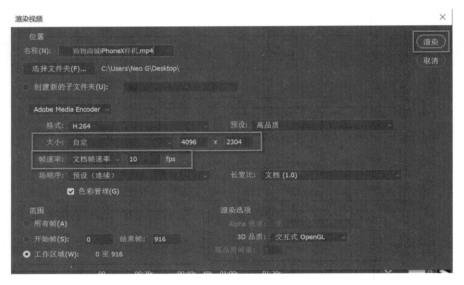

图 5-104　设置样机文件

三、学习任务小结

　　通过本次课的学习，同学们已经了解了如何制作交互原型展示样机。课后，同学们要做到多看、多练，逐步掌握交互原型设计全流程。

四、课后作业

　　（1）收集优秀的各品类 app 设计项目，对其原型设计与交互逻辑进行分析。

　　（2）根据李宁商城的项目需求，完成电脑端网页原型设计方案。

　　（3）分组完成设计方案展示 PPT，下次课各组上台介绍自己的设计方案。

项目六
使用 Adobe XD 完成的优秀 UI 设计作品欣赏

使用 Adobe XD 完成的优秀 UI 设计作品欣赏

教学目标

（1）专业能力：能赏析优秀的 UI 设计作品。

（2）社会能力：具备一定的 UI 设计与制作能力。

（3）方法能力：信息和资料收集能力，设计案例分析、提炼与总结能力。

学习目标

（1）知识目标：能运用专业知识分析优秀 UI 设计作品。

（2）技能目标：能运用所学的 Adobe XD 技能，临摹并分析优秀 UI 设计作品。

（3）素质目标：提高艺术鉴赏能力和沟通交流能力。

教学建议

1. 教师活动

展示和分析收集的优秀 UI 设计作品，提高学生的 UI 设计鉴赏能力。

2. 学生活动

（1）分析教师展示的优秀 UI 设计作品，提高自身的 UI 设计鉴赏能力。

（2）临摹优秀 UI 设计作品，借鉴与学习优秀 UI 设计作品的设计思路与交互细节，提高自身的软件使用熟练程度与 UI 设计能力。

一、学习问题导入

各位同学，大家好！本次课我们一起来欣赏优秀的 UI 设计作品，提高 UI 设计鉴赏能力。大家可以运用专业知识分析优秀 UI 设计作品在版面、图标、色彩等方面的设计技巧，并归纳总结出设计规律。

二、学习任务讲解

1. 使用 Adobe XD 完成的手机 app 界面设计作品（图 6-1 ~ 图 6-18）

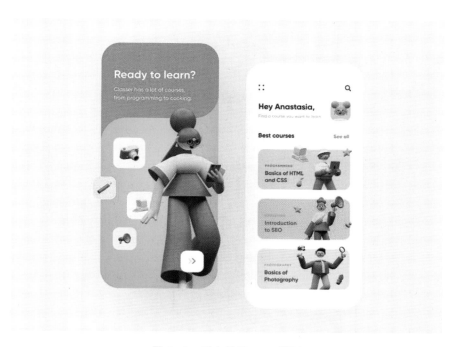

图 6-1　网上教育 app 界面

图 6-2　牙医诊所 app 界面

图 6-3　旅游 app 界面

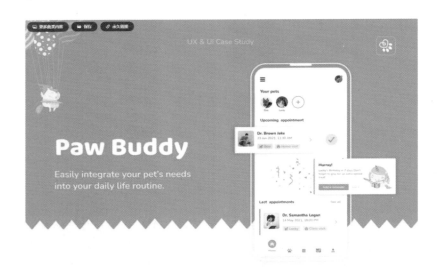

图 6-4　宠物 app 界面

图 6-5　珠宝 app 界面

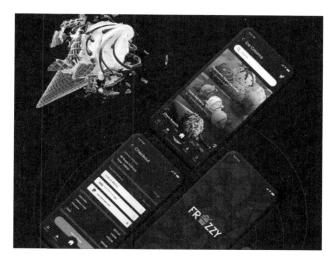

图 6-6　冰淇淋 app 界面

图 6-7　时尚穿搭 app 界面

图 6-8　服装 app 界面

图 6-9　学习打卡 app 界面

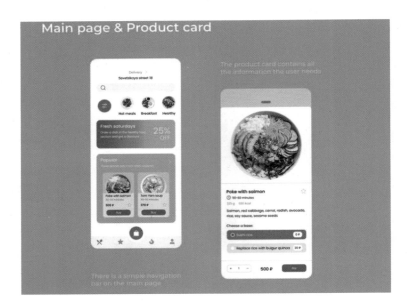

图 6-10　轻食购买 app 界面

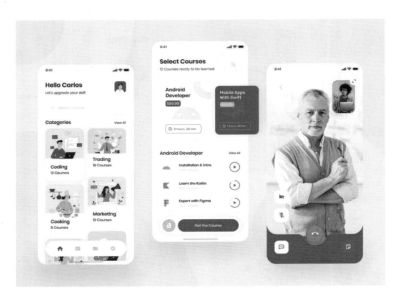

图 6-11　技能学习 app 界面

图 6-12　乐器 app 界面

图 6-13　音乐 app 界面

图 6-14　游戏 app 界面

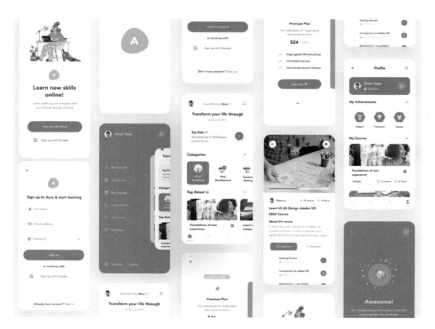

图 6-15　学习 app 界面

图 6-16 电影推荐 app 界面

图 6-17 旅行 app 界面

图 6-18 监控 app 界面

2. 使用 Adobe XD 完成的电脑端网页界面设计作品（图 6-19 ~图 6-34）

图 6-19 Rockstar Games 官网首页界面

图 6-20　Rockstar Games 官网游戏推荐界面

图 6-21　Rockstar Games 官网游戏细节展示界面

图 6-22　Rockstar Games 官网新游戏介绍界面

图 6-23　Rockstar Games 官网游戏片段以及新用户使用规则界面

图 6-24　Pawtastic 官网宠物信息注册界面

图 6-25　Pawtastic 官网宠物信息界面

图 6-26　Pawtastic 官网服务展示界面

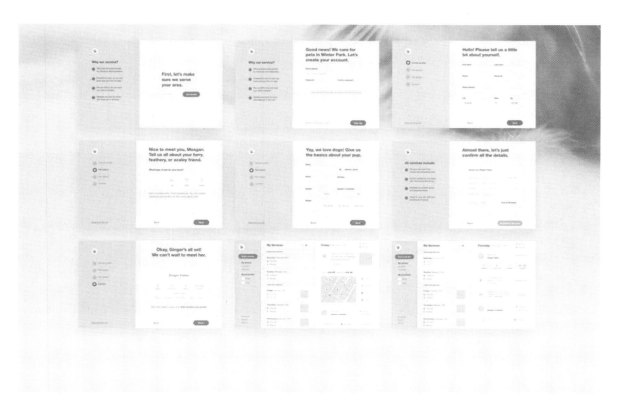

图 6-27　Pawtastic 官网其他展示界面

图 6-28　MOON 官网产品展示界面

图 6-29　Dragon Arise 官网游戏展示界面 1

图 6-30　Dragon Arise 官网游戏展示界面 2

Main Screen

On the first screen, I draw the attention of users to the big bike company.
There is an opportunity to see the review and CTA (Book a Test Ride).

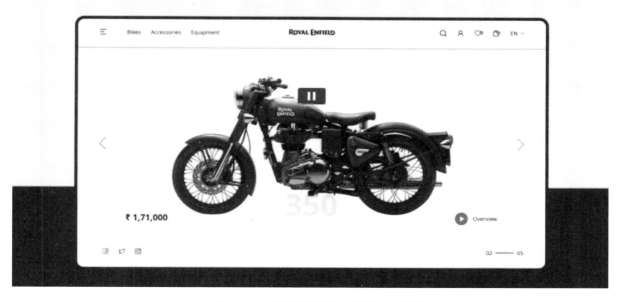

图 6-31　摩托车购买网站产品展示界面 1

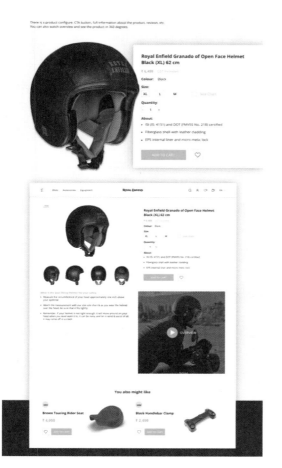

图 6-32　摩托车购买网站产品展示界面 2

图 6-33　摩托车购买网站产品展示界面 3

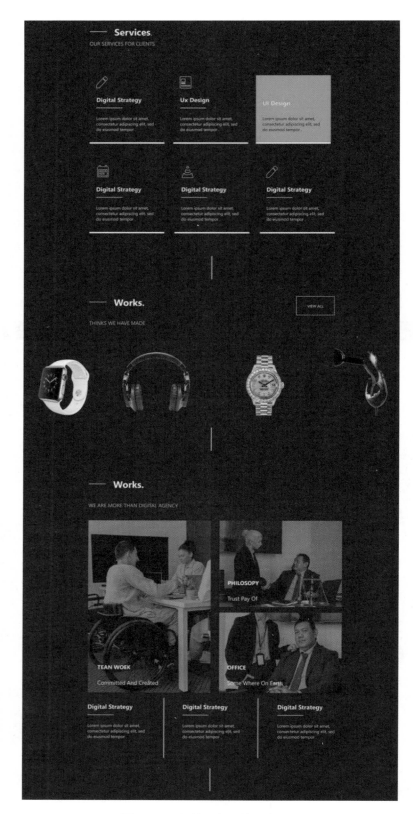

图 6-34　设计服务网站展示界面

三、学习任务小结

通过本次课的学习，同学们欣赏了大量优秀 UI 设计作品，拓宽了眼界，提升了 UI 设计作品欣赏水平。课后，同学们要多收集优秀的 UI 设计作品，并建立素材库，为今后的 UI 设计工作储备素材。

四、课后作业

（1）收集 30 个优秀的 UI 设计作品，制作成 PPT 进行分享。

（2）从 PPT 中选出 3 个优秀 UI 设计作品，使用 Adobe XD 进行临摹，学习其中的优秀设计思路与交互细节。

参考文献

[1] 伍德 . Adobe XD CC 2019 经典教程 [M]. 北京：人民邮电出版社，2020 .

[2] 文家齐 . Adobe XD 界面设计与原型制作教程 [M]. 北京：电子工业出版社，2019 .

[3] 林富荣 . 零基础学 Adobe XD 产品设计 [M]. 北京：人民邮电出版社，2020 .

[4] 黄方闻 . 动静之美：Sketch 移动 UI 与交互动效设计详解 [M]. 北京：人民邮电出版社，2016 .

[5] 黄家玲，龚芷月，朱江，等 .UI 设计 [M]. 武汉：华中科技大学出版社，2022 .